生活中的
危险化学品

唐亚文　陈立来　主　编

江苏省科学技术协会
江苏省化学化工学会　　组织编写

南京大学出版社

图书在版编目（CIP）数据

生活中的危险化学品 / 唐亚文，陈立来主编 . -- 南
京：南京大学出版社，2021.4（2022.8 重印）
（科普生活）
ISBN 978-7-305-24338-7

Ⅰ . ①生… Ⅱ . ①唐… ②陈… Ⅲ . ①化工产品—危
险物品管理—基本知识 Ⅳ . ① TQ086.5

中国版本图书馆 CIP 数据核字（2021）第 061572 号

出版发行　南京大学出版社
社　　　址　南京市汉口路 22 号　　　　邮　编　210093
出 版 人　金鑫荣

丛 书 名　科普生活
书　　名　生活中的危险化学品
主　　编　唐亚文　陈立来
责任编辑　苗庆松　　　　　　　编辑热线　025-83592655

照　　排　南京新华丰制版有限公司
印　　刷　南京凯德印刷有限公司
开　　本　718×1000　1/16　印张 11　字数 175 千
版　　次　2021 年 4 月第 1 版　2022 年 8 月第 2 次印刷
ISBN　978-7-305-24338-7
定　　价　54.80 元

网址：http://www.njupco.com
官方微博：http://weibo.com/njupco
微信服务号：njuyuexue
销售咨询热线：（025）83594756

编 委 会

顾　　问　陈洪渊　郭子建

主　　编　唐亚文　陈立来

副 主 编　张守林　徐　林　马建平

编　　委（按汉语拼音为序）

包建春　陈立来　马建平

马宏佳　宋清涛　唐亚文

魏少华　徐　林　杨民富

张建国　赵伟建　张守林

序 言

随着我国经济的快速发展，化学品的使用范围越来越广泛，无论是工作还是居家生活，都会或多或少地接触到各种各样的化学品。化学品作为日常生活中不可或缺的物品，给人们生产、生活带来巨大改变。但在生活质量得到巨大改善的同时，化学品也可能会给人们身心健康和生存环境带来不利影响。日常生活工作中，如果化学品使用或储存不当，有可能发生化学反应、爆炸或者引发火灾，可能会释放有毒、有害气体，这会对公众个人身心健康、财产安全、环境或者对现场救援人员造成伤害。公众一谈到危险化学品，往往会"谈化色变"，其实危险化学品就在我们身边，离我们并不遥远，有些危险化学品还是我们的日常用品，其应用早已融入日常生活中。例如用于炒菜做饭的煤气、浓度超过70%以上的酒精、84消毒液等，使用或存储不当，极容易引发安全事故。

为此，江苏省科学技术协会牵头组织省化学化工学会与南京师范大学相关专家，编撰了《生活中的危险化学品》。本书以言简意赅、通俗易懂的语言，介绍危险化学品的概念、分类、标识以及一些典型化学品的特性，列举了家居生活使用化学品的安全常识和部分行业领域涉及危险化学品的特性、安全措施和应急处置原则，分析了常见的事故发生原因及总结防范措施，旨在强化社会公众对常见危险化学品安全使用的认知和安全防范意识，帮助、引导、警示公众正确认识危险化学品的特性及其他性质，注重危化品使用、储存、运输及废弃处置的安全规范。

本书可作为社会公众的科普读物，亦可作为中小学科学实验室、高校化学实验室安全教育补充读本。

希望本书能为提高社会公众对各类化学品的认识水平，对危险化学品安全管理工作起到推动和促进作用。

　　本书在编写过程中参考、引用了一些教材、手册和网络上的资料，对引用的资料未能一一标注来源和出处，在此向所有被引用资料的原作者表示衷心的感谢。

目 录

第一章 危险化学品安全常识   1

   第一节 危险化学品及其相关概念   1

   第二节 危险化学品的分类标准、标识及其危险特性   5

   第三节 危险化学品危险特性与安全   15

第二章 危险化学品对人体健康的危害及安全防护   30

   第一节 危险化学品对人体健康的危害   30

   第二节 危险化学品危害的防治措施   34

   第三节 危险化学品危害的个人防护   38

第三章 生活用品中的危险化学品安全指引   45

   第一节 生活中的化学消毒剂安全指引   47

   第二节 生活中的易燃、易爆物品安全指引   70

   第三节 生活中燃气、燃油使用安全指引   73

   第四节 生活中"潜伏"的化学溶剂安全指引   84

第四章 生活中食品的化学性危害安全指引   90

   第一节 食品的化学危害性安全常识   91

   第二节 带有化学危险性的食品添加剂安全常识   96

   第三节 食品领域其他化学品安全指引   107

第五章　行业领域使用的危险化学品安全常识　　117

　　第一节　涉及危险化学品安全风险的行业　　117

　　第二节　行业领域使用的危险化学品安全常识　　126

　　第三节　科研院所化学品安全使用　　162

附录：危险化学品警示标志　　167

第一章　危险化学品安全常识

第一节　危险化学品及其相关概念

1. 化学品

化学品是指由各种元素组成的纯净物和混合物，无论是天然的还是人造的，都属于化学品。化学品的种类繁多，归纳起来有纯净物和混合物两大类。纯净物又包括单质、化合物两类，其中单质有金属、非金属和惰性气体三类；化合物则有无机化合物和有机化合物之分。无机化合物含有酸、碱、盐及氧化物，有机化合物包括烃类物质和烃的衍生物。其中，烃类物质又有饱和链烷烃、不饱和链烷烃（即烯烃、炔烃、环烷烃和芳香烃）；烃的衍生物包括卤代烃、羟基化合物（醇、酚等）、羰基化合物（醛、酮等）、羧基化合物（有机酸）、酯、硝基化合物、胺、醚、糖类、蛋白质类及含其他金属或非金属元素的有机物。

据《美国化学文摘》登录，目前全世界已有的化学品多达700万种，其中已作为商品上市的有10万余种，经常使用的有7万多种，现在每年全世界新出现化学品有1 000多种。家庭中广泛使用各种日用化学品，如香皂、化妆品、消毒剂、洗涤剂、干洗剂、油漆等。

2. 危险化学品

根据《危险化学品安全管理条例》（国务院令第591号），危险化学品，是指具有毒害、腐蚀、爆炸、燃烧、助燃等性质，对人体、设施、环境具有危害的剧毒化学品和其他化学品。具体以《危险化学品目录》（2015版，该目录共收录了2 828种危险化学品）清单及确认原则为准。

2.1 易燃、易爆化学品

易燃、易爆化学物品是指国家标准《危险货物品名表》（GB12268—2012）中以燃烧、爆炸为主要特性的压缩气体，液化气体，易燃液体，易燃固体，自燃物品和遇湿易燃物品，氧化剂和有机过氧化物以及毒害品，腐蚀品中部分易燃、易爆化学物品。

常见的、用途较广的易燃、易爆化学品有1 000多种，它们具有较大的火灾危险性，一旦发生灾害事故，往往危害大、影响大、损失大、扑救困难等。

2.2 易制毒化学品

易制毒化学品是指国家规定管制的可用于制造毒品的前体、原料

和化学助剂等物质。一类易制毒化学品包括：麻黄素、3,4-亚甲基二氧苯基-2-丙酮、1-苯基-2-丙酮、胡椒醛、黄樟脑、异黄樟脑、醋酸酐。简单地说，易制毒化学品就是指国家规定管制的可用于制造麻醉药品和精神药品的原料和配剂，既广泛应用于工农业生产和群众日常生活，流入非法渠道又可用于制造毒品。

2.3 剧毒化学品

剧毒化学品是指具有剧烈急性毒性危害的化学品，包括人工合成的化学品及其混合物和天然毒素，还包括具有急性毒性、易造成公共安全危害的化学品。只有列入《危险化学品目录（2015版）》，并备注为"剧毒"的化学品才是剧毒化学品。

剧烈急性毒性判定界限：急性毒性类别，即满足下列条件之一：大鼠实验，经口 LD 50 ≤ 5 mg/kg，经皮 LD 50 ≤ 50 mg/kg，吸入（4 h）LC 50 ≤ 100 mL/m³（气体）或 0.5 mg/L（蒸气）或 0.05 mg/L（尘、雾）。经皮 LD 50 的实验数据，也可使用兔实验数据。

3. 严格限制的化学品

严格限制的化学品是指因损害健康和环境而被禁止使用，但经授权在一些特殊情况下仍可使用的化学品。生态环境部、商务部、海关总署联合发布《中国严格限制的有毒化学品名录》（2020年），自 2020 年 1 月 1 日起实施。名录包括 8 大类产品：全氟辛基磺酸及其盐类和全氟辛基磺酰氟（PFOS/F）、六溴环十二烷、汞、四甲基铅、四乙基铅、多氯三联苯（PCT）、三丁基锡化合物及短链氯化石蜡。

4. 什么是化学品"一书一签"

"一书一签"是指化学品安全技术说明书和安全标签。

化学品安全技术说明书（Safety Data Sheet，SDS），在一些国家又被称为物质安全技术说明书（Material Safety Data Sheet，MSDS）。SDS 提供了化学品在安全、健康和环境保护等方面的信息，推荐了防护措施和紧急情况下的应对措施，是化学品供应商向下游用户传递化学品基本危害信息的重要载体。《化学品安全技术说明书内容和项目顺序》（GB16483—2008）和《化学品安全技术说明书编写指南》（GB17519—2016）规定了 SDS 编写的内容和方法。

化学品安全标签是用文字、图形符号和编码的组合形式表示化学品所具有的危险性和安全注意事项。《化学品安全标签编写规定》（GB15258—2009）规定了安全标签编写、制作和使用的要求。

"一书一签"为化学品提供了有关操作、储存、运输、使用等相关的信息，为安全、健康和环境保护方面提供了必要的防护措施，最大限度地减少接触化学品人群的风险。编写符合国家标准的"一书一签"，是保障化学品信息在供应链上正确传递的前提条件，只有合规的"一书一签"才能为化学品接触人员提供正确的指导建议、法规控制和其他有用数据信息。而化学品相关单位应当通过组织培训，确保相关工作人员可以正确阅读"一书一签"，从而准确理解并提取化学品危险特性、事故预防和应急处置等相应信息，保护人员免受接触化学品的负面影响。

《危险化学品安全管理条例》第十五条规定，危险化学品生产企业应当提供与其生产的危险化学品相符的化学品安全技术说明书，并在危险化学品包装（包括外包装件）上粘贴或者拴挂与包装内危险化学品相符的化学品安全标签。化学品安全技术说明书和化学品安全标签所载明的内容应当符合国家标准的要求。危险化学品生产企业发现其生产的危险化学品有新的危险特性的，应当立即公告，并及时修订其化学品安全技术说明书和化学品安全标签。

《危险化学品安全管理条例》第三十七条规定，危险化学品经营企业不得向未经许可从事危险化学品生产、经营活动的企业采购危险化学品，不得经营没有化学品安全技术说明书或化学品安全标签的危险化学品。

危险化学品在不同的场合，叫法或称呼是不一样的。如在生产、经营、使用场所统称化工产品，一般不单称危险化学品，在运输过程中，包括铁路、公路、水上、航空运输都称为危险货物。在储存环节，一般又称为危险物品或危险品，当然作为危险货物、危险物品，除危险化学品外，还包括一些其他货物或物品。

其在国家的法律法规中称呼也有区别，如在《中华人民共和国安全生产法》中称"危险物品"，在《危险化学品安全管理条例》中称"危险化学品"。目前，我们常用的危化品主要有以下几种分类标准。

1. 危险化学品的分类基本标准

危险化学品分类的主要根据有：《化学品分类和危险性公示通则》（GB13690—2009，2010 年 5 月 1 日起实施）、《全球化学品统一分类和标签制度》（Globally Harmonized System of Classification and Labelling of Chemicals，简称 GHS，又称"紫皮书"）、《危险货物分类和品名编号》（GB6944—2012）。

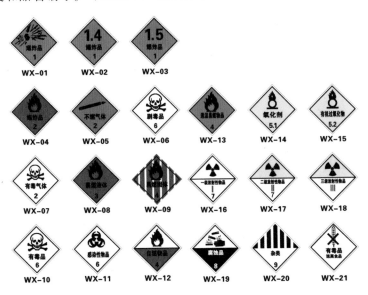

1.1 基于《化学品分类和危险性公示通则》（GB13690—2009）
分类

《化学品分类和危险性公示通则》主要是针对危化品的主要危险特性进行分类，共 8 类。

第 1 类：爆炸品。

本类化学品指在外界作用下（如受热、受压、撞击等），能发生剧烈的化学反应，瞬时产生大量的气体和热量，使周围压力急骤上升，发生爆炸，对周围环境造成破坏的物品，也包括无整体爆炸危险，但具有燃烧、抛射及较小爆炸危险的物品。

第 2 类：压缩气体和液化气体。

本类化学品系指压缩、液化或加压溶解的气体，并应符合下述两种情况之一者：

（1）临界温度低于 50 ℃，或在 50 ℃时，其蒸气压力大于 294 kPa 的压缩或液化气体；

（2）温度在 21.1 ℃时，气体的绝对压力大于 275 kPa，或在 54.4 ℃时，气体的绝对压力大于 715 kPa 的压缩气体，或在 37.8 ℃时，雷德蒸气压力大于 275 kPa 的液化气体或加压溶解的气体。

第 3 类：易燃液体。

易燃液体是指闪点不高于 63 ℃的液体。

易燃液体分类、警示标签和警示性说明见 GB20581—2006。

第 4 类：易燃固体、自燃物品和遇湿易燃物品。

易燃固体系指燃点低，对热、撞击、摩擦敏感，易被外部火源点燃，燃烧迅速，并可能散发出有毒烟雾或有毒气体的固体，但不包括已列入爆炸品的物品。自燃物品系指自燃点低，在空气中易发生氧化反应，放出热量，而自行燃烧的物品。遇湿易燃物品系指遇水或受潮时，发生剧烈化学反应，放出大量的易燃气体和热量的物品。有的不需明火，亦能燃烧或爆炸。

第 5 类：氧化剂和有机过氧化物。

氧化剂系指处于高氧化态，具有强氧化性，易分解并放出氧气和热量的物质。包括含有过氧基的无机物，其本身不一定可燃，但能导致可燃物的燃烧，与松软的粉末状可燃物能组成爆炸性混合物，对热、震动或摩擦较敏感。

有机过氧化物系指分子组成中含有过氧基的有机物，其本身易燃、易爆，极易分解，对热、震动或摩擦极为敏感。

第 6 类：有毒品。

本类化学品系指进入机体后，累积达一定的量，能与体液和器官组织发生生物化学作用或生物物理学作用，扰乱或破坏机体的正常生理功能，引起某些器官和系统暂时性或持久性的病理改变，甚至危及生命的物品。经口摄取半数致死量：固体 LD 50 ≤ 500 mg/kg；液体 LD 50 ≤ 2 000 mg/kg；经皮肤接触 24 h，半数致死量 LD 50 ≤ 1 000 mg/kg；粉尘、烟雾及蒸气吸入半数致死量 LC 50 ≤ 10 mg/L 的固体或液体。

第 7 类：放射性物品。

本类化学品系指放射性比活度大于 7.4×10^4 Bq/kg 的物品。

第 8 类：腐蚀品。

本类化学品系指能灼伤人体组织并对金属等物品造成损坏的固体或液体。如与皮肤接触在 4 h 内出现可见坏死现象，或温度在 55 ℃时，对 20 号钢的表面均匀年腐蚀率超过 6.25 mm 的固体或液体。

对于未列入分类明细表中的危险化学品，可以参照已列出的化学性质相似、危险性相似的物品进行分类。

1.2 基于《全球化学品统一分类和标签制度》分类

《全球化学品统一分类和标签制度》（GHS）将化学品的危害分为物理危害、健康危害和环境危害三大类。GHS 是由联合国出版的指导各国控制化学品危害和保护人类健康与环境的规范性文件。在 2002 年 12 月召开的联合国危险货物运输和全球化学品统一分类及标签制度专家委员会首次会议上，通过了第一版 GHS 文件。2003 年 7 月，联合国正式出版第一版。该委员会每年召开两次会议讨论 GHS 的相关内容，每两年更新一次，目前最新版本是 2019 年的第八修订版。其目的是通过提供一种全球统一的化学品危险性分类标准，以及统一的危险性公示制度来表述化学品的危害，提高对人类健康和环境的保护，同时减少对化学品的测试和评估，促进国际化学品贸易便利化。各个国家可以采取"积木式"方法，选择性实施符合本国实际情况的 GHS 危险种类（class）和类别（category）。目前 GHS 制度已将危险化学品扩充为 29 大项（新增退敏爆炸物）。但我国危险化学品确认原则依旧只包含 28 大项，是将化学品的危害分为物理危害（16 类）、健康危害（10 类）和环境危害（2 类）三大类，28 大项 81 小项，化学品含有这 28 大项危害中一项或多项危害时为危险化学品，具体见表 1。

表 1　危险化学品的分类

物理危害		
爆炸物	易燃气体	气溶胶
氧化性气体	加压气体	易燃液体
易燃固体	自反应物质和混合物	自燃液体
自燃固体	自热物质和混合物	遇水放出易燃气体的物质和混合物
氧化性液体	氧化性固体	有机过氧化物

金属腐蚀物		
健康危害		
急性毒性	皮肤腐蚀／刺激	严重眼损伤／眼刺激
呼吸道或皮肤致敏	生殖细胞致突变性	致癌性
生殖毒性	特定靶器官毒性 －一次接触	特定靶器官毒性 －反复接触
吸入危害		
环境危害		
危害水生环境		危害臭氧层

GHS 适用的化学品（物质、其稀释溶液和混合物）范围包括工业化学品、农用化学品以及日用化学品。以下物质不在实施范围内：

（1）化学废弃物；

（2）烟草及其制品；

（3）食品、药品、化妆品；

（4）化学制成品（已形成特定形状或依特定设计制造的产品，且在正常使用时不会释放有害物质）；

（5）在反应器中或在生产过程中进行化学反应的中间产品，农药、兽药、食品添加剂和饲料添加剂的分类和标签，法律法规和标准另有规定的，执行相关规定，但上述产品的原料和中间体仍适用。

GHS 建立协调的危险信息公示，包括标签和化学品数据说明书[（M）SDS]。该化学品数据说明书需要包括化学物质或混合物的综合安全信息，包括化学品危险性信息、作业场所暴露途径信息、安全防范措施建议及有效识别和降低使用风险的信息等。目前，欧盟成员国、美国、日本、中国等国相继实施 GHS。

1.3 基于《危险货物分类和品名编号》（GB6944—2012）分类

危险货物的分类主要基于联合国《关于危险货物运输的建议书规章范本》（TDG，橙皮书）及其衍生文件，包括《国际海运危险货物规则》《航空危险货物安全运输技术规则》《国际铁路运输危险货物规则》《国际公路运输危险货物协定》和《国际内河运输危险货物协定》，其主要针对运输环节，强调短期危害性。我国危险货物的确认原则主要依据《危险货物品名表》（GB2268—2012）和《危险货物分类和品名编号》（GB6944—2012），其技术内容与 TDG 保持一致。《危险货物分类和品名编号》（GB6944—2012）是按照物质的主要危险特性，将危险品分为 9 大类，见表 2。

表 2 危险品 9 大类

第 1 类：爆炸品	第 2 类：气体	第 3 类：易燃液体
第 4 类：易燃固体；易自燃物质；遇水放出易燃气体的物质	第 5 类：氧化物质和有机过氧化物	第 6 类：有毒和感染性物质
第 7 类：放射性材料	第 8 类：腐蚀性物质	第 9 类：杂类危险物质和物品

《危险货物分类和品名编号》规定，危险货物是指具有爆炸、易燃、毒害、感染、腐蚀、放射性等危险特性，在运输、储存、生产、经营、使用和处置过程中，容易造成人身伤亡、财产损毁或环境污染而需要特别防护的物质和物品。危险货物包含物质和物品且对包装有特殊要求，危险化学品仅包含化学物质。例如 MDI（二苯基甲烷二异氰酸酯），是应用很广泛的化学品，具有较低的毒性，长期接触对人体有害，因此是危险化学品。但 MDI 在运输过程中，一旦发生泄漏，会与水分发生反应，生成不溶性的脲类化合物并放出二氧化碳，黏度增高，不会造成明显的危害，因此未列为危险货物。

需要注意的是，危险化学品和危险货物大部分是一致的，但有一部分危险化学品不属于危险货物，部分危险货物也不属于危险化学品，各自有几百种不属于对方的品种。例如锂电池、蓄电池、火柴、汽车安全气囊等属于危险货物，但不属于危险化学品。

2. 化学品安全技术说明书

化学品安全技术说明书（Safety Data Sheet，SDS），又被称为物质安全技术说明书（Material Safety Data Sheet，MSDS），国际上称作化学品安全信息卡，简称 MSDS/SDS，是化学品生产商和进口商用来阐明化学品的理化特性（如 pH、闪点、易燃度、反应活性等）以及对使用者的健康可能产生的危害（如致癌、致畸等）的一份文件，是传递化学品危害信息的重要文件，是危险化学品生产或销售企业按法规要求向客户提供的一份关于化学品组分信息、理化参数、燃爆性能、毒性、环境危害，以及安全使用方式、存储条件、泄漏应急处理、运输法规要求等 16 项内容信息的综合性说明文件。

化学品安全技术说明书要素包括：化学品及企业标识、危险性概述、成分／组成信息、急救措施、消防措施、泄漏应急处理、操作处置与储存、接触控制／个体防护、理化特性、稳定性和反应性、毒理学信息、生态学信息、废弃处置、运输信息、法规信息、其他信息。

我国化学工业的发展正逐步迈向规范标准化和国际化，目前我国由《危险化学品安全管理条例》《危险化学品登记管理办法》《化学品分类和危险性公示通则》《化学品安全技术说明书编写规定》《化学品安全标签编写规定》等组成的法规体系，对 MSDS/SDS 提出了具体要求及规范。

MSDS/SDS 最大的作用是提供有关化学品的危害信息，以保护化学产品的使用者。目前化工业内操作人员绝大多数并不具备这方面的知识和防范意识，所以职业病以及恶劣的工作环境一直是业内很头疼的问题。目前国家已经意识到这点，并正着手制定有关化学品管理方面的法规，以保护化学品接触操作人员的安全。

严格讲，MSDS/SDS 并不是证书的概念，所以没有严格的有效期。但 MSDS/SDS 不是一成不变的，随着法规的更新，内容必须进行更新，老的版本随之失效。例如，欧盟 CLP 法规对产品的包装、分类、标签做了更改，2010 年 12 月 1 日起，出口到欧洲的产品必须符合 CLP 法规；GHS 法规每两年更新一次，GHS 要求 MSDS/SDS 上有关产品的危险信息必须参照 GHS 的要求标明。所以，MSDS/SDS 当中的部分内容，必须及时进行更新。

MSDS/SDS 的服务对象主要有三类：暴露于危险化学品环境的工作人员、想了解储存方法的管理人员及应急人员（消防员、材料员、急救医务人员、急诊室人员等）。MSDS/SDS 能真切地反映化学品对工作人员的危害。譬如，对一周有 40 个小时在封闭空间作业的油漆工来说，MSDS/SDS 会帮助他们建立正确健康的工作习惯，所以意义重大（见表 3）。

表 3 危险化学品安全周知卡

危险性类别	品名、英文名及分子式、CC 码及 CAS 号	危险性标志
易 燃	油漆	
	Methyl benzene	
	C_7H_8	
	CAS 号：108−88−3	

危险性理化数据	危险特性
熔点（℃）：−94.9 沸点（℃）：110.6 相对密度（水＝1）：3.14 饱和蒸气压（kPa）：4.89（30℃）	本品蒸气与空气易形成爆炸性混合物；遇明火、高热会引起燃烧爆炸；遇易燃物、有机物会引起爆炸；触及皮肤有强烈刺激作用而造成灼伤；有麻醉性或其蒸气有麻醉性；有刺激性气味；有毒，易燃

接触后表现	现场急救措施
对皮肤、黏膜有刺激性，对中枢神经系统有麻醉作用。急性中毒：短时间内吸入较高浓度可出现眼及上呼吸道明显的刺激症状。眼结膜及咽部充血、头晕、头痛、恶心、胸闷等症状；重症可有躁动、抽搐、昏迷。慢性中毒：长期接触可发生神经衰弱综合征，肝肿大，女工月经异常等，皮肤干燥，皲裂，皮炎	皮肤接触：立即脱去所污染的衣服，用肥皂水和清水彻底冲洗皮肤 眼睛接触：提起眼睑，用流动清水或生理盐水冲洗，就医 吸入：迅速转移到空气新鲜处，给输氧，就医 食入：饮足量温水，催吐，就医

身体防护措施

泄漏处理及防火防爆措施

迅速撤离泄漏污染区人员至安全区，并进行隔离，严格限制出入。建议应急处理人员戴自给正压式呼吸器，穿防酸碱工作服，尽可能切断泄露源，防止进入限制性空间。小量泄漏：用活性炭或其他惰性材料吸收，也可以用不燃性分散剂制成的乳液刷洗，洗液放入废水系统。大量泄露：构筑围堤或挖坑收容，用泡沫覆盖降低蒸气灾害；用防爆泵转移到专用收集器内，回收或运至废物处理场所处理

浓度	当地应急救援单位名称	当地应急救援单位电话
MAC（mg/m^3）：100		市消防队：119 市人民医院：120

3. 危险化学品标识

危险化学品标识是指危险化学品在市场上流通时由生产销售单位提供的附在化学品包装上的标签，是向作业人员传递安全信息的一种载

体，它用简单、易于理解的文字和图形表述有关化学品的危险特性及其安全处置的注意事项，警示作业人员进行安全操作和处置。国家标准《化学品安全标签编写规定》（GB15258—2009）明确指出：化学品标识应包括物质名称、编号、危险性标识、警示词、危险性概述、安全措施、灭火方法、生产厂家、地址、电话、应急咨询电话及提示参阅安全技术说明书等内容。

根据化学品的危险程度和类别，用"危险""警告""注意"三个词分别进行危害程度的警示。当某种化学品具有两种及两种以上的危险性时，用危险性最大的警示词。警示词位于化学品名称的下方，要求醒目、清晰。

第1类：爆炸品。按照爆炸能量来源分类：（1）物理爆炸；（2）化学爆炸；（3）核爆炸。

第2类：压缩气体和液化气体（如乙炔气瓶、氧气瓶）。本类物品当受热、撞击或强烈震动时，容器内压力会急剧增大，致使容器破裂爆炸，或导致气瓶阀门松动漏气，酿成火灾或中毒事故。

第3类：易燃液体。指闭杯闪点等于或低于61 ℃的液体、液体混合物或含有固体物质的液体，但不包括由于其危险性已列入其他类别的液体。本类物质在常温下易挥发，其蒸气与空气混合能形成爆炸性混合物。按闪点分为三类：低闪点液体，闪点 < −18 ℃；中闪点液体，−18 ℃ ≤ 闪点 < 23 ℃；高闪点液体，23 ℃ ≤ 闪点 ≤ 61 ℃。

第4类：易燃固体、自燃物品和遇湿易燃物品。易燃固体是指燃烧点低，遇火、受热、撞击、摩擦或与氧化剂接触后，极易引起急剧燃烧或爆炸的固态物质。有的易燃固体发生燃烧时还会放出有毒气体，典型的如赤磷、镁粉、火柴等。自燃物品是指自燃点低，在空气中易发生物理、化学或生物反应，放出热量，而自行燃烧的物品，典型的如白磷、堆积的浸油物、硝化棉及金属硫化物等；生活中常见的一些物质，在特定条件下也能发生自燃现象，如植物油、动物油、脂肪、煤、木炭、锯末、干草、

粮食、黄麻、大麻、剑麻纤维及细碎的金属等。遇湿易燃物品系指遇水或受潮时，发生剧烈化学反应，放出大量易燃气体和热量的物品。有的不需明火，即能燃烧或爆炸。常见的一些活泼金属，如钠、钾等；一些金属当处于极细状态时也很危险，如镁、铝等，生活中常见的电石也属于此类物质。

第5类：氧化剂和有机过氧化物。在氧化还原反应中，获得电子的物质称作氧化剂。氧化剂性质活泼，往往具有腐蚀性，易爆。有机过氧化物是氧化剂中的一种，是含有过氧键的有机化合物，易燃易爆。

第6类：毒害品和感染性物品。毒害品是指进入人体后累积达一定的量，能与体液和器官组织发生生物化学作用或生物物理作用，扰乱或破坏机体的正常生理功能，引起某些器官和系统暂时性或持久性的病理改变，甚至危及生命的物品。如无机毒物（氰、砷、硒）及其化合物类（氰化钾、三氧化二砷、氧化硒），有机毒物类中的卤代烃及其卤代物（氯乙醇、二氯甲烷等），有机磷、硫、砷、腈、胺等化合物类，有机金属化合物，某些芳香烃、稠环及杂环化合物等。生活中常见的毒害品有煤气、各类农药等。感染性物品是指已知或一般有理由相信含有病原体的物质。所谓病原体是指已知或有理由相信会使人或动物引起感染性疾病的微生物（包括细菌、病毒、立克次氏体、寄生生物、真菌）或微生物重组体（杂交体或突变体）。

第7类：放射性物品，是指含有放射性核素，并且物品中的总放射性含量和单位质量的放射性含量均超过免于监管的限值的物品。放射性物品能不断地、自发地放出肉眼看不见的 X、α、β、γ 射线和中子流等。这些物品含有一定量的天然或人工的放射性元素。放射性物品所具备的放射能被广泛地应用于工业、农业、医疗卫生等诸方面，具有重要的价值。但人和动物若受到这些射线的过量照射，则会引发放射性疾病，严重的甚至死亡。

第8类：腐蚀品。腐蚀品是指能灼伤人体组织并对金属等物品造成损坏的固体或液体。腐蚀品有些本身能着火，有的本身并不着火，但与其他可燃物品接触后能着火。该类按化学性质分为三种：酸性腐蚀品，如浓硫酸、硝酸；碱性腐蚀品，如氢氧化钠溶液；其他腐蚀品。

第三节　危险化学品危险特性与安全

1. 爆炸品的危险特性

（1）对撞击、摩擦、温度等非常敏感。爆炸品的爆炸所需的最小起爆能称为该爆炸品的感度，摩擦、撞击、震动及高热都有可能给爆炸物爆炸提供足够的起爆能。所以，对于爆炸品而言，必须严格远离发热源，并避免发生剧烈撞击和摩擦等情况，做到轻拿轻放。火药、炸药、各类弹药、氮的质量分数大于0.125的硝酸酯类及高氯酸的质量分数大于0.72的高氯酸盐类爆炸品，都对撞击、摩擦、温度等非常敏感。

（2）爆炸产物有毒。TNT、硝化甘油、苦味酸、雷汞等爆炸品本身都具有一定的毒性。它们在发生爆炸时，产生一氧化碳、二氧化碳、一氧化氮、二氧化氮、氯化氢、氨气等有毒或窒息性气体，会使大量有害物质外泄，造成人员中毒、窒息和环境污染。

（3）与酸、碱、盐及金属发生反应。有些爆炸品与某些化学品反应可能生成更容易爆炸的化学品，如苦味酸遇某些碳酸盐能反应生成更易爆炸的苦味酸盐；苦味酸受铜、铁等金属撞击，可立即发生爆炸。

（4）易产生或聚集静电。爆炸品大多是电的不良导体，在包装、运输过程中容易产生静电，一旦发生静电放电也可引起爆炸。

爆炸性是一切爆炸品的主要特性。爆炸品都具有化学不稳定性和爆炸性，当它从外界获得一定量的起爆能时，将发生猛烈的化学反应，在极短时间内释放出大量热量和气体而发生爆炸性燃烧，产生对周围的人、畜及建筑物具有很大破坏性的高压冲击波，通常还会酿成火灾。

爆炸品的安全注意事项如下：

（1）爆炸品的包装。包装的材料应与所装爆炸品的性质不相抵触，严密不漏、耐压、防震、衬垫妥实，并有良好的隔热作用，单件包装应符合有关规定。

（2）爆炸品的装卸与搬运。在爆炸品的装卸与搬运过程中，开关车门、车窗不得使用铁撬棍、铁钩等铁质工具，必须使用时，应采取具有防火花涂层等防护措施的工具。装卸搬运爆炸品时，不准穿铁钉鞋，使用铁轮、铁铲头推车和叉车时应有防火花措施。禁止使用可能发生火花的机具设备。照明应使用防爆灯具。

（3）爆炸品的存放与保管。爆炸品必须存放于专库内，库房应有避雷装置、防爆灯及低压防爆开关，仓库应由专人负责保管。库内应保持清洁，并隔绝热源与火源，在温度 40 ℃以上时，要采取通风和降温措施。爆炸品的堆垛间及堆垛与库墙间应有 0.5 m 以上的间隔，要避免日光直晒。

（4）爆炸品的遗撒处理与消防。对遗撒的爆炸品应及时用水润湿，撒以松软物后轻轻收集，并通知公安和消防人员处理。禁止将收集的遗撒物品装入原包件中。有火灾危险时，应尽可能将爆炸品转移或隔离，不能转移或隔离时，要立即组织人员疏散。

【知识学习】

爆炸品相关作业时应轻拿轻放，避免摔碰、撞击、拖拉、摩擦、颠簸、振荡、翻滚；整体爆炸物品、抛射爆炸物品和燃烧爆炸物品的装载和堆码高度不得超过 1.8 m；车、库内不得残留酸、碱、油脂等物质；发现跌落破损的货件不得装车，应另行放置，妥善处理；严禁将爆炸品与氧化剂、酸、碱、盐类、金属粉末和钢材料器具等混储混运。

扑救爆炸品火灾时，禁用酸碱灭火器，切忌用沙土覆盖，以免增强爆炸物品爆炸时的威力；可用水或其他灭火器灭火；扑救爆炸品堆垛火灾时，水流应采用吊射，避免强力水流直接冲击堆垛，以免堆垛倒塌引起再次爆炸；施救人员应配备防毒面具。

2. 压缩气体和液化气体的危险特性

（1）超过半数的压缩气体和液化气体都具有易燃、易爆性。易燃气体一旦点燃，在极短的时间内就能全部燃尽，爆炸危险很大，灭火难度很大。

（2）流动扩散性强。压缩气体和液化气体能自发地充满任何容器，非常容易扩散。如大多数易燃气体比空气重，能扩散相当远，飘流在地表、沟渠、隧道、厂房死角等处，长时间聚集不散，遇火源发生燃烧或爆炸，易造成火势扩大。

（3）受热膨胀、气压升高。存于钢瓶中的压缩气体和液化气体通常都具有较高的气压。过度受热将导致气压大幅攀升，一旦气压超过了容器的耐压强度时，就会引起容器破裂发生物理性爆炸，酿成火灾或中毒等事故。

（4）易产生或聚集静电。压缩气体和液化气体从管口或破损处高速喷出时，由于强烈的摩擦作用，会产生静电。

（5）具有腐蚀毒害性。除氧气和压缩空气外，压缩气体和液化气体大都具有一定毒害性和腐蚀性。

（6）具有窒息性。压缩气体和液化气体都有一定的窒息性，一旦发生泄漏，若不采取相应的通风措施，则能使人窒息死亡。

（7）具有氧化性。压缩气体和液化气体的危害有两种：一是助燃

气体，如氧气；二是有毒气体，本身不燃，但氧化性很强，与可燃气体混合后能发生燃烧或爆炸，如氯气。

对人畜有强烈的毒害、窒息、灼伤、刺激作用的气体有：硫化氢、氰化氢、氯气、氟气、氢气等，它们通常还对设备有严重的腐蚀破坏作用。如硫化氢能腐蚀设

备，削弱设备的耐压强度，严重时可导致设备裂缝、漏气，引起火灾等事故；氢在高压下渗透到碳素中去，能使金属容器发生"氢脆"。因此，对盛装腐蚀性气体的容器，要采取一定的密封与防腐措施。

压缩气体和液化气体的安全事项如下：

（1）压缩气体和液化气体的包装。盛装此类货物的钢瓶必须按规定达到安全标准，严禁超量灌装、超温、超压。

（2）压缩气体和液化气体的装卸与搬运。在储存、运输和使用过程中，一定要注意采取有效的防火、防晒、隔热措施。

（3）压缩气体和液化气体的存放和保管。应存放于阴凉通风场所，防止日光暴晒，严禁受热、油污，远离热源、火种，当库内温度超过 40 ℃时，应采取通风降温措施。气瓶平卧放置时，堆垛不得超过 5 层，瓶头要

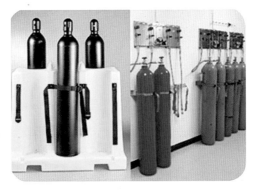

朝向同一方，瓶身要填塞妥实，防止滚动；立放时要放置稳固，最好用框架或栅栏围护固定，防止倒塌，并留出通道。

（4）压缩气体和液化气体的泄漏处理和消防。阀门松动漏气应立即拧紧，如无法关闭时，可将气瓶浸入冷水或石灰水中（氨气瓶只能浸入水中）；液化气体容器破裂时，应将裂口部位朝上。

【知识学习】

储运气瓶时应检查：气瓶上的漆色及标志与各种单据上的品名是否相符；包装、标志、防震胶圈是否齐备；气瓶钢印标志的有效期；瓶壁是否有腐蚀、损坏、凹陷、鼓泡和伤痕等。

气瓶装车时应平卧横放，并应将瓶口朝向同一方向，不可交叉；高度不得超过车辆的防护拦板，并用三角木垫卡牢，防止滚动；装卸机械工具应有防止产生火花的措施。

装卸有毒气体时，应配备防护用品，必要时使用供氧防毒面具。有毒的氯气、硫化氢、一氧化碳，在储存、运输和使用中一定要与其他可燃气体分开（见表 4）。

表 4　压缩气体、液态气体的储存

钢瓶颜色	气体名称
黑	空气、氮气
银灰	氢气、氖气、氩气、二氧化碳、一氧化碳、一氧化二氮（笑气）、六氟化硫、氟化氢
白	乙炔、一氧化氮、二氧化氮
铝白	二氧化碳、四氟甲烷
淡黄	氨气
棕	乙烯、丙烯、甲烷、丙烷、环丙烷
淡蓝	氧气
淡绿	氢气
深绿	氯气

3. 易燃物质的危险特性

3.1 易燃液体的危险特性

（1）易燃性。易燃液体属于蒸气压较大、容易挥发出足以与空气混合形成可燃混合物的蒸气的液体，其着火所需的能量极小，遇火、受热以及和氧化剂接触时都有发生燃烧的危险。

（2）爆炸性。当易燃液体挥发出的蒸气与空气混合形成的混合气体达到爆炸极限浓度时，可燃混合物就转化成爆炸性混合物，一旦点燃就会发生爆炸。

（3）热膨胀性。易燃液体主要是靠容器盛装，而易燃液体的膨胀系数比较大。储存于密闭容器中的易燃液体受热后体积膨胀，若超过容器的压力限度，则会造成容器膨胀，甚至爆裂，在容器爆裂时会产生火花而引起燃烧爆炸。

（4）流动扩散性。液体具有流动和扩散性，泄漏后扩大了易燃液体的表面积，使其不断地挥发，形成的易燃蒸气大多比空气重，容易积聚，从而增加了燃烧爆炸的危险性。

（5）易产生或积聚静电。因其所具有的流动性，与不同性质的物体，如容器壁相互摩擦或接触时易积聚静电，静电积聚到一定程度时就会放电，产生静电放电火花而引起可燃性蒸气混合物的燃烧爆炸。

（6）有毒。大多数易燃液体及其蒸气均具有不同程度的毒性，很多毒性还比较大，吸入后能引起急、慢性中毒。

【知识学习】

易燃液体的挥发性越强，爆炸下限越低，发生爆炸的危险性就越大。含有一定水分的高黏度、宽沸程的重质油品，如含水率为 0.3 %~0.4 % 的原油、渣油、重油等沸溢性油品，在发生火灾时通常具有沸溢喷溅性。这是因为分散在重质油品中的水分或低沸点物质在发生火灾后首先达到沸点沸腾，进而产生大量蒸气携带大量油品喷溢而出，导致油品发生沸溢或喷溅现象，致使火灾迅速扩大，并有可能引发爆炸。

3.2 易燃固体的危险特性

（1）易燃固体的燃点比较低，一般都在 300 ℃以下，在常温下遇到能量很小的着火源就能点燃。如金属镁、铝粉、硫黄、樟脑。

（2）易燃固体具有爆炸性。易燃固体燃烧反应产生大量气体，导致体积迅速膨胀而爆炸；作为还原剂与酸类、氧化剂等接触时，发生剧烈反应引起燃烧或爆炸；各种粉尘飞散到空气中，达到一定浓度后遇明火发生粉尘爆炸。

（3）对摩擦、撞击、震动及热敏感。有些易燃固体受到摩擦、撞击、震动会引起剧烈连续的燃烧或爆炸。

（4）本身或其燃烧产物有毒或腐蚀性。有些易燃固体本身具有毒害性，能产生有毒气体和蒸气；有些在燃烧的同时产生大量的有毒气体或腐蚀性的物质，其毒害性也较大。

（5）遇湿易燃性。部分易燃固体不但具有遇火受热的易燃性，而且还具有遇湿易燃性。

（6）自燃性。易燃固体中的赛璐珞、硝化棉及其制品在积热不散的条件下，都容易自燃起火。

3.3 自燃物品的危险特性

（1）遇空气自燃性。自燃物品大部分非常活泼，具有极强的还原活性，接触空气中的氧气时被氧化，同时产生大量的热，从而达到自燃点而着火、爆炸。发生自燃的过程不需要明火点燃。

（2）遇湿易燃、易爆性。有些自燃物品遇水或受潮后能分解引起自燃（如保险粉）或爆炸。

（3）积热自燃性。不需要外部加热，也可以依靠自身的连锁反应，通过积热使自身温度升高，最终可达到着火温度而发生自燃。

（4）毒害腐蚀性。自燃物品及其燃烧产物通常带有较强的毒害腐蚀性。

易燃固体、自燃物品的安全注意事项如下：

（1）易燃固体、自燃物品和遇湿易燃物品的包装。盛装遇空气或潮气能引起反应的物质，其容器须气密封口。

（2）易燃固体、自燃物品和遇湿易燃物品的装卸与搬运。作业时要注意轻拿轻放，远离火种和热源，避免摔碰、撞击、拖拉、摩擦、翻滚等外力作用，防止容器或包装破损。

（3）易燃固体、自燃物品和遇湿易燃物品的存放与保管。

本类物品应存放于阴凉、通风、干燥场所，防止日晒，隔绝热源和火种，与酸类、氧化剂等其他性质相抵触的物质必须隔离存放。

（4）易燃固体、自燃物品和遇湿易燃物品撒漏的处理和消防。对撒漏的物品，应谨慎收集并妥善处理。

【知识学习】

撒落的黄磷应立即浸入水中；硝化纤维要用水润湿；金属钠、钾应浸入煤油或液体石蜡中；电石、保险粉等遇湿易燃物品若撒漏，应收集后另放安全处，不得并入原货件中。易燃固体、自燃物品一般都可用水或泡沫灭火剂扑救，如散装硫黄、赛璐珞燃烧时可用大量的水进行灭火。但是，当遇湿易燃物品（镁粉、铝粉、铝铁溶剂、金属有机化合物、氨基化合物）着火时，严禁用水、酸碱灭火剂、泡沫灭火剂以及二氧化碳灭火，只能用干沙、干粉灭火。对本类物品的火灾扑救，应有防毒措施。

4.氧化剂的危险特性

（1）放热性。当氧化性或助燃性物质与还原性物质接触时可发生剧烈的放热反应，表现出很强的氧化性。这些氧化剂虽然本身不能燃烧，但能够放出氧气或其他助燃的气体。

（2）受热分解性。氧化剂本身性质不稳定，在受到热冲击（包括明火、撞击、震动、摩擦）时可能发生迅速分解，分解出原子氧并产生大量的气体和热量。

（3）可燃性。除有机硝酸盐类具有可燃性并能酿成火灾外，大多数氧化剂都是不燃物质。

（4）与可燃液体作用的自燃性。氧化剂的化学性质活泼，能与一些可燃液体发生氧化放热反应而自燃。

（5）与酸作用的分解性。大多数氧化剂在酸性条件下氧化性更强，甚至引起燃烧或爆炸。

（6）与水作用的分解性。大多数氧化剂具有不同程度的吸水性，吸水后溶化、流失或变质。

（7）强氧化剂与弱氧化剂作用的分解性。强氧化剂与弱氧化剂相互之间接触能发生复分解反应，产生高热而引起着火或爆炸。

（8）有毒和腐蚀性。氧化剂通常都具有很强的腐蚀性，它们不仅能灼伤皮肤，还能致人中毒。

有机过氧化物的危险特性如下：

（1）强氧化性。有机过氧化物由于都含有过氧基（—O—O—），所以表现出强烈的氧化性能，绝大多数都可作为氧化剂并且极易发生

爆炸性自氧化分解反应。

（2）分解爆炸性。有机过氧化物的分解产物是活泼的自由基，由自由基参与的反应很难用常规的抑制方法扑救。

（3）易燃性。有机过氧化物本身是易燃的，而且燃烧迅速，可很快就转化为爆炸性反应。

（4）对碰撞或摩擦敏感。有机过氧化物中的过氧基是极不稳定的结构，对热、震动、碰撞、冲击或摩擦都极为敏感，当受到轻微的外力作用时就有可能发生分解爆炸。

（5）伤害性。有机过氧化物容易伤害眼睛，有的种类还具有很强的毒性。

氧化剂和有机过氧化物的安全注意事项如下：

（1）氧化剂和有机过氧化物的包装。包装和衬垫材料应与所装物性质不相抵触。

（2）氧化剂和有机过氧化物的装卸与搬运。在运输和储存时要特别注意它们的氧化性和着火爆炸并存的双重危险性，有些在运输时为了保证安全，必须加入稳定剂来退敏。

（3）氧化剂和有机过氧化物的存放与保管。氧化剂及有机过氧化物在存放与保管时应单独库存，仓库应保持阴凉通风，防止日晒、受潮、受热，远离酸类和可燃物。

（4）氧化剂和有机过氧化物的撒漏处理和消防。氧化剂撒漏时，应扫除干净，再用水冲洗。

【知识学习】

有些氧化剂和有机过氧化物在运输时，为了保证安全必须加入稳定剂来退敏，有的在运输时还需要控制温度。装车前，车内应打扫干净，保持干燥，不得残留有酸类和粉状可燃物；卸车前，应先通风后作业；装卸搬运中力求避免摔碰、撞击、拖拉、翻滚、摩擦和剧烈震动，防止引起爆炸，对氯酸盐、有机过氧化物等更应特别注意；搬运工具上不得残留或黏有杂质，托盘和手推车尽量专用，装卸机具应有能防止产生火花的防护装置。

5. 有毒品的危险特性

（1）毒性。毒性是有毒品最显著的特性。

（2）遇水、遇酸反应性。大多数有毒品遇酸或酸雾分解并放出有毒的气体或烟雾，有的有毒气体还具有易燃和自燃危险性，有的遇水甚至会发生爆炸。

（3）氧化性。有些有毒品还具有氧化性，一旦与还原性强的物质接触，容易引起燃烧爆炸，并产生毒性极强的气体。

（4）易燃、易爆性。许多有机毒害品具有易燃性，它们能与氧化剂发生反应，遇明火会发生燃烧爆炸，放出有毒气体或烟雾。

【知识学习】

有毒品的化学组成和结构影响毒性的大小。例如，甲基内吸磷比乙基内吸磷的毒性小50%；硝基化合物的毒性随着硝基的增加或卤原子的引入而增强。

引起人体或其他动物中毒的主要途径是呼吸道、消化道和皮肤。有毒的细微颗粒与挥发性液体容易从呼吸道吸入肺泡引起中毒；有毒品在误食后将通过消化系统吸收，很快分散到人体各个部位，从而引起全身中毒；有毒品还能通过皮肤接触侵入机体而引起中毒，当皮肤有破损时有毒品会随血液蔓延全身，加快中毒速度。另外，液态毒害品还易于挥发、渗漏和污染环境。

有毒品的安全注意事项如下：

（1）有毒品的包装。易挥发的液态毒品容器应气密封口，其他的应液密封口；固态的应严密封口，以防止包装破损。

（2）有毒品的装卸与搬运。装卸车前应先进行通风。

（3）有毒品的存放与保管。应存放在阴凉、通风、干燥的库内，不得露天存放。

（4）有毒品撒漏的处理和消防。固态有毒品撒漏时，应谨慎收集；液态有毒品渗漏时，可先用沙土、锯末等物吸收，妥善处理。被有毒品污染的机具、车辆及仓库地面，应进行洗刷除污。

【知识学习】

有毒品装卸、搬运时严禁肩扛、背负，要轻拿轻放，不得撞击、摔碰、翻滚，以防止包装破损。装卸易燃毒害品时，机具应有能防止发生火花的措施。

作业时必须穿戴防护用品，在皮肤受伤时，应停止或避免对有毒品的作业，严防皮肤破损处接触毒物。进行有毒品作业时应严禁饮食、吸烟等，作业完毕，及时清洁身体后方可进食。

6. 放射性物品的危险特性

（1）放射性。虽然各种放射性物品放出的射线种类和强度不尽相同，但是各种射线对人体的危害都很大，它们具有不同程度的穿透能力，过量的射线照射，对人体细胞有杀伤作用。若放射性物质进入体内，则能对人体造成内照射危害。

（2）不可抑制性。不能用化学方法使其不放出射线，只能设法把放射性物质清除或者用适当的材料吸收、屏蔽射线。

（3）易燃性。多数放射性物品具有易燃性，有的燃烧十分强烈，甚至能引起爆炸。

（4）氧化性。有些放射性物品具有氧化性。

【知识学习】

放射性物质或物品是指能自发地不断地放出人们感觉器官不能觉察到的 α、β、γ 射线或中子流的物质或物品。

比较常见的放射性物质或物品有：碳 –14、铁 –58、钴 –60、镭 –226、碘 –131 等放射性同位素，氯化铀、氧化铀、硝酸铀、硝酸钍、溴化镭、铈钠复盐、夜光粉及发光剂等放射性化学试剂或化工制品，独居石、锆英石、方钍石及铀矿等放射性矿砂、矿石，涂有放射性发光剂或带有放射性物质的其他物品。

放射性物品的安全注意事项如下：

（1）放射性物品的装卸与搬运。装卸车前应先行通风，装卸时尽量使用机械作业，严禁肩扛、背负、撞击、翻滚。堆码不宜过高，应将辐射水平低的放射性包装件放在辐射水平高的包装件周围。皮肤有伤口、孕妇、哺乳妇女和有放射性工作禁忌证（如白细胞低于标准浓度等）者，不能参加有关放射性货物的作业。

（2）放射性物品的存放和保管。存放放射性货物的仓库（或专用货位）应通风良好、干燥、地面平坦。仓库应有专人管理，放射性包装件必须按规定码放。

（3）放射性物品的撒漏处理方法。运输中发生货包破裂，内容物撒漏时，应立即向有关部门报告，由安全防护人员测量并划出安全区域，悬挂明显标志。当人体受污染时，应在防护人员指导下，迅速进行去污。若人员受到过量照射时，则应立即送医救治。

7.腐蚀品的危险特性

（1）多数腐蚀品有不同程度的毒性，有的还是剧毒品。有很多腐蚀品可以产生不同程度的有毒气体和蒸气，能造成人体中毒。

（2）许多有机腐蚀物品都具有易燃性。

（3）有些腐蚀品本身虽然不燃烧，但具有较强的氧化性，是氧化性很强的氧化剂，当它与某些可燃物接触时都有着火或爆炸的危险。

（4）有些腐蚀品遇水会发生猛烈的分解放热反应，有时还会释放出有害的腐蚀性气体，有可能引燃邻近的可燃物，甚至引发爆炸事故。

【知识学习】

腐蚀品是化学性质比较活泼，能和很多金属、非金属、有机化合物、动植物机体等发生化学反应的物质。

腐蚀品的腐蚀性体现在对人体的伤害、对有机体的破坏和对金属的腐蚀。腐蚀品与人体接触，能引起人体组织灼伤或使组织坏死。吸入腐蚀品的蒸气或粉尘，呼吸道黏膜及内部器官会受到腐蚀损伤，引起咳嗽、呕吐、头痛等症状，严重的会引起炎症（如肺炎等），甚至造成死亡。

腐蚀品的安全注意事项如下：

（1）腐蚀品的包装。应选用耐腐蚀的容器，并按所装物品状态采用气密封口、液密封口或严密封口，防止泄漏、潮解或撒漏。外包装必须坚固。

（2）腐蚀品的装卸与搬运。作业前应穿戴耐腐蚀的防护用品，对易散发有毒蒸气或烟雾的腐蚀品装卸作业时，还应佩戴防毒面具。

（3）腐蚀品的存放与保管。腐蚀品应存放在清洁、通风、阴凉、干燥场所，防止日晒、雨淋。

（4）腐蚀品撒漏的处理和消防。发现液体酸性腐蚀品撒漏应及时撒上干沙土，清除干净后，再用水冲洗污染处；大量酸液溢漏时，可用石灰水中和。

【知识学习】

腐蚀品着火时，不可用柱状高压水灭火，应尽量使用低压水流或雾状水，以防止腐蚀液体飞溅伤人；对遇水发生剧烈反应，有可能引起燃烧、爆炸或放出有毒气体的腐蚀品，禁止用水灭火，可用干沙土、泡沫灭火剂、干粉灭火剂等扑救。火灾现场的强酸，应尽力抢救，以防高温爆炸，酸液飞溅。无法抢救现场时，可用大量水浇洒降温。

第二章　危险化学品对人体健康的危害及安全防护

第一节　危险化学品对人体健康的危害

随着化学工业的发展，化学品的种类和数量不断增加，但是不少化学品因其固有的易燃、易爆、有毒、有害等特性存在着很多危险性因素，如果我们在接触、使用这些化学品前能对其危害性有所了解，并对其防范处理办法有一定的认识，就可以有效地防止它们对人体健康的危害和对环境的污染。

化学品侵入人体的途径：有害物质可以通过呼吸道、消化道和皮肤进入人体内。其中，呼吸道是有害物质进入体内的最重要的途径，气体、蒸气、雾、烟、粉尘形式的有毒物质均可通过呼吸道进入体内。

1. 危险化学品的毒性

危险化学品可通过呼吸道、消化道和皮肤进入人体，在体内积蓄到一定剂量后，就会表现出慢性中毒症状。危险化学品对人体健康的毒性危害主要有以下几个方面。

1.1 刺激

许多化学品对人体有刺激作用，一般受刺激的部位为皮肤、眼睛和呼吸系统。许多化学品和皮肤接触时，能引起不同程度的皮肤炎症；与眼睛接触轻则导致轻微的、暂时性的不适，重则导致永久性的伤残。一些刺激性气体、尘雾可引起气管炎，甚至严重损害气管和肺组织，如二氧化硫、氯气、煤尘。一些化学物质将会渗透到肺泡区，引起强烈的刺激。

1.2 过敏

某些化学品可引起皮肤或呼吸系统过敏，如出现皮疹或水疱等症状，这种症状不一定在接触的部位出现，而可能在身体的其他部位出现，引起这种症状的化学品有很多，如环氧树脂、胶类硬化剂、偶氮染料、煤焦油衍生物和铬酸等。呼吸系统过敏可引起职业性哮喘，这种症状的反应一般包括咳嗽（特别是夜间甚至会加剧），以及呼吸困难。引起这种反应的化学品有甲苯、聚氨酯单体、福尔马林等。

1.3 窒息

窒息涉及对身体组织氧化作用的干扰。这种症状有：致使机体组织的供氧不足而引起的单纯窒息，导致血液携氧能力严重下降而引起的血液窒息，影响细胞和氧的结合能力而引起的血液窒息。

1.4 麻醉和昏迷

接触某些高浓度的化学品，有类似醉酒的作用。如乙醇、丙醇、丙酮、丁酮、乙炔、烃类、乙醚及异丙醚等会导致中枢神经抑制。这些化学品一次大量接触可导致昏迷甚至死亡。

1.5 中毒

有害物质进入人体后，分布在不同的部位，参与体内的代谢过程，发生转化。有些可以解毒或排出体外，这种情况一般对人体的伤害较小，有些化学品则在体内聚集起来，久而久之，导致各种中毒症状。有害物质被吸收后，会分布到全身，当在作用点达到一定浓度时，就可发生中毒。同一种有害物质在不同的组织和器官中分布的量有多有少。如铅、氟主要集中在骨质，苯多分布于骨髓。

人体由许多系统组成，所谓全身中毒是指化学物质引起的对一个或多个系统产生有害影响并扩展到全身的现象，这种作用不局限于身体的某一点或某一区域。

化学毒性的危险化学品引起的中毒往往是多器官、多系统的损害。机体与有毒化学品之间的相互作用是一个复杂的过程，中毒后症状也不一样。同一种毒性危险化学品引起的急性和慢性中毒，其损害的器官及表现也有很大差别。例如，苯急性中毒主要表现为对中枢神经系统的麻醉作用，而慢性中毒主要为造血系统的损害。这在有毒化学品对机体的危害作用中是一种很常见的现象。

绝大多数危险化学品，除了毒性物质，还包括多数爆炸品、易燃气体、易燃液体、易燃固体、氧化物和有机氧化物都能致作业人员发生职业中毒。中毒可分为急性中毒和慢性中毒。其中毒表现各有不同：有的是致神经衰弱综合征表现；有的是致呼吸系统的刺激症状，表现为气管炎、肺炎或肺水肿；还有的是致中毒性肝病或中毒性肾病；也有的对血液系统损伤，出现溶血性贫血、白细胞减少、血红蛋白变性，如高铁血红蛋白、碳氧血红蛋白、硫化血红蛋白而导致组织缺氧、窒息；还可对消化系统、泌尿系统、生殖系统等造成损伤。

1.6 致癌

长期接触某些化学物质可能引起细胞的无节制生长，形成恶性肿瘤。这类肿瘤可能在第一次接触这些物质的许多年以后才表现出来，潜伏期一般为4~40年。如砷、石棉、铬、镍等物质可能导致肺癌；铬、镍、木材、皮革粉尘等易引起鼻腔癌和鼻窦癌；接触联苯胺、萘胺、皮革粉尘等易引起膀胱癌；接触砷、煤焦油和石油产品等易引起皮肤癌；接触氯乙烯单体易引起肝癌；接触苯易引起再生障碍性贫血。

1.7 致畸

接触化学物质可能对未出生胎儿造成危害，干扰胎儿的正常发育。在怀孕的前3个月，胎儿的脑、心脏、胳膊和腿等重要器官正在发育。一些研究表明，化学物质可能干扰正常的细胞分裂过程，如麻醉性气体、水银和有机溶剂，从而导致胎儿畸形。

1.8 致突变

某些化学品对人的遗传基因的影响可能导致后代发生异常。实验结果表明，80%~85%的致癌化学物质对后代有影响。

1.9 尘肺

尘肺是由于在肺的换气区域发生了小尘粒的沉积以及肺组织对这些沉积物的反应，导致尘肺病患者肺的换气功能下降，在紧张活动时将发生呼吸短促症状。这种作用是不可逆的，一般很难在早期发现肺的变化。当 X 射线检查发现这些变化时，病情已较重了。有的固体危险化学品当形成粉尘并分散于环境空气中时，作业人员长期吸入这些粉尘可以引起尘肺病。能引起尘肺病的物质有石英晶体、铝尘、石棉、滑石粉、煤粉和铍等。

2. 危险化学品的爆炸危险

爆炸品在受到环境的加热、撞击、摩擦或电火花等外能作用时发生猛烈的爆炸，造成人员伤亡、厂房倒塌、设备损坏，损失惨重。除了爆炸品之外，可燃性气体、压缩气体和液化气体、易燃液体、易燃固体、自燃物品、遇湿易燃物品、氧化剂和有机过氧化物等都有可能引发爆炸。如硝酸铀、硝酸钍、硝酸铀酰（固体）、硝酸铀酰六水合物溶液等都具有强氧化性，遇可燃物能引起着火或爆炸。

3. 危险化学品的易燃性危险

许多危险化学品都具有易燃性，如压缩气体和液化气体、易燃液体、易燃固体、自燃物品和遇湿易燃物品、氧化剂和有机过氧化物，有些毒害物品具有易燃的危险性，当它们所处环境具备燃烧条件时，就会发生火灾。

4. 危险化学品的腐蚀性

腐蚀性物质无论是酸性物质，还是碱性物质，或其他腐蚀品都具有严重的腐蚀性，人体接触后，可造成化学灼伤，有的还可以引起中毒，甲醛等还有致癌性。

腐蚀性物品接触人的皮肤、眼睛、食道或肺部等，会引起表皮细胞组织发生破坏作用而造成灼伤，而且被腐蚀性物品灼伤的伤口不易愈合。内部器官被灼伤时，严重的会引起炎症，如肺炎，甚至会造成死亡。特别是接触氢氟酸时，能发生剧痛，使组织坏死，如不及时治疗，会导致严重后果。

5. 危险化学品的放射性

放射性物质具有严重的放射性，当人体接触时，可造成外照射或内照射，发生电离辐射作用而引起急性或慢性放射性疾病。若发生泄漏，则发生放射性污染事故。具有放射性的危险化学品能从原子核内部，自行不断放出有穿透力、为人们肉眼不可见的射线（α射线、β射线、γ射线和中子流）。其放射性强度越大，危险性就越大。人体组织在受到射线照射时，能发生电离，如果人体受到过量射线的照射，就会产生不同程度的损伤。在极高剂量的放射线作用下，能造成3种类型的放射伤害：对中枢神经和大脑系统的伤害，对肠胃的伤害，对造血系统的伤害。

由于物质本身是复杂多变的，其危险性是由多种因素决定的，所以一种危险化学品的危险性可能是多种多样的。如有易燃性、易爆性，还可能兼有毒害性、放射性和腐蚀性等。一种物质不会只有一种危险性，如磷化锌既有遇水放出易燃气体，又有相当强的毒害性；硝酸既有强烈的腐蚀性，又有很强的氧化性。

第二节　危险化学品危害的防治措施

对危险化学品危害的防治单靠某一种措施难以奏效时，必须采取一系列的综合措施，多管齐下，方能消除其危害。

1. 组织管理措施

（1）认真贯彻落实安全生产的法律法规。危险化学品从业单位对我国的《关于全面加强危险化学品安全生产工作的意见》《安全生产法》《职业病防治法》《危险化学品安全管理条例》《使用有毒物品作业场所劳动保护条例》等一系列法律法规必须严格贯彻执行。

（2）设置安全卫生管理机构。危险化学品从业单位应设置安全卫生管理机构或明确对危险化学品安全管理的部门，不能对危险化学品的安全管理留有空白。

（3）配备安全卫生管理人员。危险化学品从业单位在管理层应配备安全卫生管理人员，对危险化学品从业人员的安全健康进行管理。

（4）制定安全卫生管理的规章制度。危险化学品从业单位必须制定安全卫生管理的规章制度，规范从业人员的安全行为和卫生习惯。

2. 工程技术措施

坚持"三同时"。危险化学品从业单位进行新建、改建、扩建和技术引进的工程项目时，其安全卫生设施必须与工程主体同时设计、同时施工、同时投入生产使用。对工程设计要进行安全、职业卫生预评价；对工程竣工后要进行安全、职业卫生的竣工验收。

采取新技术、新工艺，消除职业危害。危险化学品的生产工艺应尽量采用新技术、新工艺，采用微机控制，隔离操作，避免作业人员直接接触危险化学品。

2.1 替代

控制、预防化学品危害最理想的方法是不使用有毒、有害和易燃、易爆的化学品，但这很难做到，通常的做法是选用无毒或低毒的化学品替代有毒、有害的化学品，选用可燃化学品替代易燃化学品。

2.2 变更工艺

虽然替代是控制化学品危害的首选方案，但是可供选择的替代品很有限，特别是因技术和经济方面的原因，不可避免地要生产、使用有害化学品。这时可通过变更工艺，消除或降低化学品危害。如以往从乙炔制乙醛，采用汞作催化剂，直到发展为用乙烯为原料，通过氧化或氯化制乙醛，不需用汞作催化剂，这就是通过变更工艺，彻底消除了汞害。

2.3 隔离

隔离就是通过封闭、设置屏障等措施，避免作业人员直接暴露于有害环境中。最常用的隔离方法是将生产或使用的设备完全封闭起来，使工人在操作中不接触化学品。隔离操作是另一种常用的隔离方法，简单地说，就是把生产设备与操作室隔离开。最简单形式就是把生产设备的管线阀门、电控开关放在与生产地点完全隔开的操作室内。

2.4 通风

通风是控制作业场所中有害气体、蒸气或粉尘最有效的措施。借助于有效的通风，使作业场所空气中有害气体、蒸气或粉尘的浓度低于安全浓度，保证工人的身体健康，防止火灾、爆炸事故的发生。

通风分局部排风和全面通风两种。局部排风是把污染源罩起来，抽出污染空气，所需风量小，经济有效，并便于净化回收。全面通风亦称稀释通风，其原理是向作业场所提供新鲜空气，抽出污染空气，降低有害气体、蒸气或粉尘在作业场所中的浓度。全面通风所需风量大，不能净化回收。

对于点式扩散源，可使用局部排风。使用局部排风时，应使污染源处于通风罩控制范围内。为了确保通风系统的高效率，通风系统设计的合理性十分重要。对于已安装的通风系统，要经常加以维护和保养，使其有效地发挥作用。

对于面式扩散源，要使用全面通风。采用全面通风时，在厂房设计阶段就要考虑空气流向等因素。因为全面通风的目的不是消除污染物，而是将污染物分散稀释，所以全面通风仅适合于低毒性作业场所，不适合于腐蚀性、污染物量大的作业场所。像实验室中的通风橱、焊接室或喷漆室、可移动的通风管和导管都是局部排风设备。在冶金厂，熔化的物质从一端流向另一端时散发出有毒的烟和气，需要两种通风系统都要使用。

加强通风，改善作业环境。生产装置尽量采用框架式，现场的泄漏物易于消散；生产厂房应加强全面通风和局部送风，使作业人员所在环境的空气一直处于新鲜状态。

安全检修，避免事故发生。危险化学品的生产装置都要定期检修。检修时都要拆开设备，发生泄漏，容易发生事故。因此，检修前一定要制定检修方案，办理各种安全作业证，做好防护，专人监护，防止事故发生。

3. 卫生保健措施

（1）职业健康监护。危险化学品从业单位对作业人员都要进行上岗前、在岗期间、离岗时和应急的健康检查，并建立职业健康监护档案。不得安排有职业禁忌的劳动者从事其所禁忌的作业。

你凑合，我凑合，生命不能太凑合！

（2）作业环境定期监测。危险化学品的作业环境空气中的危险化学品浓度要定期进行监测，监测结果要公布，并建立职业卫生档案，监测结果要存档。

（3）发放保健食品。给有毒有害的作业工人要发放保健食品，如牛奶等，增强作业人员的体质和抗病能力。

4. 做好卫生和个体防护

保持卫生包括保持作业场所清洁和作业人员的个人卫生两个方面。经常清洗作业场所，对废物、溢出物加以适当处置，保持作业场所清洁也能有效地预防和控制化学品危害。作业人员养成良好的卫生习惯，是消除和降低化学品危害的一种有效方法，可以防止有害物附着在皮肤上，防止有害物通过皮肤渗入体内。

保持个人卫生的基本原则有：遵守安全操作规程并使用适当的防护用品；不直接接触能引起过敏的化学品；工作结束后、饭前、饮水前以及便后要充分洗净身体的暴露部分；不在衣服口袋里放入被污染的东西，如抹布、工具等；勤剪指甲并保持指甲洁净；时刻注意防止自我污染，尤其在清洗和更换工作服时更要注意；防护用品要分放、分洗，定期检查身体。

企业按国家的规定要发给作业者合格、有效的个体防护用品。如工作服、呼吸防护器、防护手套等，并教会工人能正确使用。作业人员不佩戴好个体防护用品，不得上岗作业。管理人员应严格检查，严格执行，对防护用品做好检查、维修。企业对防护用品应加强管理，放置固定地点，定期进行检查，及时进行维修，使其一直处于良好的状态。

总之，危险化学品对人体健康以及环境造成的危害是不容忽视的。社会公众一定要加强对危险化学品的防范意识，采取正确的方法使用化学品，并正确处理废弃物。

第三节　危险化学品危害的个人防护

良好的个人防护是安全的保障，可以使人员免受伤害。当作业场所中有害化学品的浓度超标时，作业人员就必须使用合适的个体防护用品（Personal Protective Equipment，简称PPE）。另外，根据《职业病防治法》的规定，用人单位应"组织上岗前、在岗期间和离岗时的职业健康检查，并将检查结果如实告知劳动者"。不得安排有职业禁忌的劳动者从事其所禁忌的作业；在岗体检中发现了与其所从事职业相关的健康损害者，应及时调离原工作岗位，并妥善安置；对未进行离岗前体检的劳动者不得解除或终止其劳动合同。这些都是保障劳动者的健康合法权益的必要措施。

1. 什么是个人防护用品

使劳动者在生产过程中免遭或减轻事故伤害和职业危害而提供的个人随身穿（佩）戴的用品。

不同的化学品可以对人体健康造成不同的危害，有些化学品的影响是直接并且是显而易见的，而有些危害可能会潜伏若干年才会出现。生产、生活中，我们应全面控制这些影响，对影响较为严重的危化品采取最严格的防护和管控措施。当然，不同的危化品性质各不相同，需要的安全

防护措施也不相同。例如空气呼吸器可以供消防指战员呼吸器官免受浓烟、高温、毒气、刺激性气体或缺氧的伤害；内置式重型防化服可以防止化学品对眼睛、呼吸道及表皮直接腐蚀性危害。所以处置危险化学品伤害或灾害事故，提高防护意识，加强个人防护，才能有效减少伤害，保障人员安全。为了防止由于化学物质的溅射，以及化学尘、烟、雾及蒸气等所导致的眼和皮肤伤害，也需要使用适当的防护用品和护具。眼面护具主要有安全眼镜、护目镜以及用于防护腐蚀性液体、固体及蒸气对面部产生伤害的面罩，其他有用抗渗透材料制作的防护手套、围裙、化工靴和工作服等，可用来消除与化学品接触带来的伤害。

2. 个人防护用品的作用

使用一定的屏障体或绳带、浮体等，采用阻隔、封闭、吸收、分散、悬浮等手段，保护人体的局部或全身免受外来侵害。

个人防护用品在预防职业性有害因素中属于第一级防护，是职业卫生防护的辅助性措施，既不能降低作业场所中有害化学品的浓度，

也不能消除作业场所的有害化学品，而只是一道阻止有害物进入人体的屏障。个人防护用品对人的保护是有限度的，当伤害超过允许的防护范围时，防护用品就会失去其作用。防护用品本身的失效就意味着保护屏障的消失，因此个体防护不能被视为控制危害的主要手段，关键问题是要积极改善劳动条件，创造符合职业卫生要求的作业环境。使用个体防护用品时要注意其有效性。

3. 个人防护用品分类

防护用品主要有头部防护用品、呼吸防护用品、眼面部防护用品、身体防护用品和手足防护用品等。

3.1 头部防护用品

头部防护用品是防御头部不受外来物体打击和其他因素危害而采取的个人防护用品，分为安全帽、防护头罩和工作帽三类。安全帽：安全头盔，是防御冲击、刺穿、挤压等伤害；防护头罩：使头部免受火焰、腐蚀性烟雾、粉尘以及恶劣气候条件伤害；工作帽：避免使头部脏污、擦伤或长发被绞碾等伤害。

3.2 呼吸系统防护用品

呼吸系统防护用品是防止有害气体、蒸气、粉尘、烟和雾经呼吸道吸入或直接向配用者供氧或清净空气，保证在尘、毒污染或缺氧环境中作业人员正常呼吸的防护用品，按防护方法可分为过滤式和隔绝式两类。空气中浓度超标时，建议佩戴过滤式防毒面具（半面罩）；紧急事态抢救或撤离时，应该佩戴空气呼吸器或氧气呼吸器。

3.3 眼睛、面部防护用品

眼睛、面部防护用品用于预防烟雾、尘粒、金属火花和飞屑、热、电磁辐射、激光、化学飞溅等伤害面部或眼睛的个人防护用品。根据防护部位可分为防护面罩、防护眼镜和防护口罩。如活性炭口罩，其活性炭过滤层的主要功用在于吸附有机气体、恶臭及毒性粉尘。

防护面罩

防护眼镜

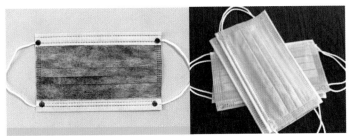
一次性活性炭口罩　　　　　一次性医用口罩

3.4 躯干防护用品

躯干防护用品是替代或穿在个人衣服外，用于防止一种或多种危害因素的防护服。躯干防护用品根据结构和防护功能及防护部位可分为防护背甲、防护围裙和防护服。其中，防护服包括阻燃服、焊接服、微波辐射防护服、酸碱类化学品防护服和防静电服等。

3.5 手部防护用品

手部防护用品具有保护手和手臂的功能。供劳动者作业时佩戴的手套称为手部防护用品，其按防护部位可分为防护套袖和防护手套。防护套袖：以保护前臂或全臂免遭伤害的个人防护用品，如防辐射热套袖、防酸碱套袖。防护手套：用于保护肘以下（主要是腕部以下）手部免受伤害的个人防护用品。包括耐酸碱手套、防毒手套、防寒手套、防辐射热手套、防微波手套等。

3.6 足部防护用品

足部防护用品是防止生产过程中有害物质或其他有害因素损伤劳动者足部的护品。根据防护部位分为护膝、护腿和护趾等防护用品。根据防护功能可分为安全鞋、防护鞋、电绝缘鞋、防静电鞋、耐化学品工业用橡胶靴、耐化学品工业用模制塑料靴、消防用鞋、高温防护鞋、耐油防护鞋和低温环境作业保护靴等。

3.7 其他防护

工作现场禁止吸烟、进食和饮水。工作前，避免饮用酒精性饮料；工作后，淋浴更衣。进行就业前和定期的体检。

活性炭口罩有防毒、除臭、滤菌、阻尘等功效。活性炭口罩可有效阻隔空气中的苯、氨、甲醛、异味、恶臭等有害气体，保障人体健康，比一般的普通口罩有更强大的吸附性。对于有害的气体、液体的过滤作用是普通口罩的 30 倍。

活性炭口罩的正确戴法：

（1）佩戴口罩前以及摘下口罩前后都必须洗手。

（2）然后将口罩上下拉动，拉开展开折叠处；稍黑色的一面朝外，淡白色（橡筋织带或耳带）一面朝内。

（3）有鼻夹（金属条鼻梁夹）处的一边朝上；利用两边的橡筋织带将口罩贴合脸部。

（4）两手指在鼻子两侧轻轻按压金属条；再将口罩下端拉至下颚，调整至与脸间无隙为好。

（5）摘下口罩时，应尽量避免触摸口罩向外部分，因为这部分可能已沾染病菌。

（6）摘下口罩后，放入纸袋内包好，再放入有盖的垃圾桶内弃置，口罩最好每天更换。

哪些人不适宜戴口罩？从常规的医学角度来看，如果呼吸功能本来就不太正常的人佩戴了呼吸阻力过大的口罩，那么轻则呼吸不畅，加重病情，严重的话可能会引起呼吸系统的衰竭，危及生命安全。所以心脏或呼吸系统有困难的人（如哮喘肺气肿），孕妇，佩戴后头晕、呼吸困难和皮肤敏感的人群要慎重佩戴口罩。

4. 使用个人防护用品的注意事项

4.1 正确选择

应根据工作环境和作业类别，综合考虑作业人员的特征，选用符合国家规定的个人防护用品。

对于危险化学品的从业人员和危险化学品灾害事故处置的各种应急救援力量，必须做到知己知彼，较好地掌握危险化学品的理化性质，知道隐患源自什么地方，有哪些危害，找准问题症结，有的放矢地做好安全工作，并选择相应及符合标准的防护装备。化学毒物可通过表皮、毛孔、汗腺等渗透进入人体。一些脂溶性毒物经过表皮吸收后，还需要有一定的水溶才能进一步扩散和吸收。选择使用防护服，可以防止化学污染物损伤皮肤或经皮肤进入体内，防止酸、碱伤害。常用的有防护眼镜或面罩、工作服、手套及靴等。耐酸、碱工作服一般由橡胶、塑料薄膜等制成。处理有刺激性类化学品时应戴上橡胶手套，开启盛载这类物品的容器时，更应十分小心，并且这类化学品必须贮存于阴凉及空气流通的房间内。佩戴手套搞卫生，有助于保护自己免于受到清洁用品中化学物质的侵害，以及在清扫卫生间的时候保护自己免受病原体的感染。正确穿戴手套，能够避免化学物质对皮肤的刺激和伤害，防止因接触危险物质、产品和流程而被感染。正确脱除手套，有助于防止对自身及环境造成污染。

4.2 正确使用

个人防护用品是有效风险管理的重要组成部分之一，也是健康和安全的基石。防护用品要会正确使用，否则适得其反，会造成伤害。个人防护用品使用者要了解所使用的个人防护用品的性能及正确的使用方法。对结构和使用方法较为复杂的防护用品（如呼吸器）需进行反复训练。事故发生时，若员工正确穿戴个人防护用品就可避免事故带来的伤害甚至死亡。

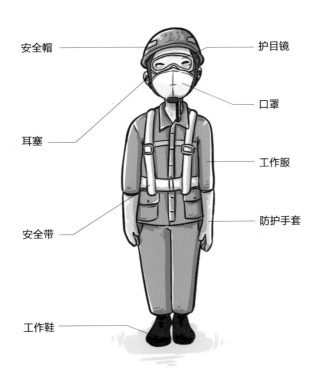

安全帽　护目镜　口罩　耳塞　工作服　安全带　防护手套　工作鞋

4.3 正确保养

防护用品用后要清洗吹干，有的还要进行消毒，妥善存放。使用个人防护用品前，必须严格检查，如发现损坏或磨损严重的应及时更换。尤其对于应急救援使用的呼吸器，更要定期检查，防止应急时无法正常工作。

第三章　生活用品中的危险化学品安全指引

　　我们日常生活中的衣食住行用都离不开化学化工，化学化工与社会的发展和人们的生活息息相关。生活中常用的消毒剂、洁厕灵、花露水、香水、发胶、指甲油、空气清新剂、燃气（液化石油气、天然气）、打火机油、油性涂料、脱漆剂、家具上光剂、杀虫剂、水银温度计等，都或多或少含有危险化学品。

　　你知道家中的日用品都含有什么成分吗？

　　种类繁多的生活用品，成分也千变万化，有些成分还被冠以"商业秘密"，这也使准确评估家用产品的危险性变得难上加难。目前，一些生活用品的风险评估存在部分争议。首先，暴露量一般基于假设，难以测得具体数值；其次，风险评估的结果可能让风险评估人面临金融风险，因为很多居家生活用品会因为评估报告而遭到禁止销售或被迫退出市场。然而，即便是弃用一些有害产品，它们的影响仍会残留在环境中。如儿童玩具中的铅、泡沫橡胶和塑料中的溴化阻燃剂、多溴二苯醚或多溴联苯醚，会长期留存在屋内灰尘中。

　　此外，一些生活产品使用不当，也会增加危险性。产品使用不当的原因有很多：①使用说明难以阅读（如字体太小、无母语说明、语句不通）；②消费者未阅读使用说明；③使用说明不够清晰，或者使用困难或不便（如：什么是"适当的"通风？）。即使是在使用毒性较低的产品时，也应当根据使用说明或常识进行适当防护。例如，所有的化学品都应当存放在儿童接触不到的地方。产品标签上通常会注明适用于这一特定产品的安全防护装备、使用步骤、注意事项及安全存放的相关要求，在使用时应当严格遵守。不过一些标签上的说明还不够具体，所以即便按照标签上的说明使用，仍然不能保证百分之百的安全。

虽然生活用品的风险难以估计，但我们可以采取一些预防措施减少这种危险。购买时知道潜在危险性，选择毒性较低的产品，可以说是最好的策略，如选择非化学品或是由更安全的成分制成的产品，购买可以马上使用的稀释品而不是浓缩品等。更应该注意的是，因为毒性较低的产品在生产过程中使用的也是毒性较低的化合物，所以在废物处理时对环境的影响较小。储存时要注意储存条件，避光、远离高温或火源等，如气雾杀虫剂不能放置在高温处。使用时要明白使用方法、使用领域和注意事项等，更不能随意混合使用，以免产生化学反应，导致意外发生；使用时要注意通风和个人防护（戴手套等）。过期药品或生活用品废弃处理时要慎重，避免对他人或环境造成二次危害。一旦发生事故，应急处理要妥善，不要随便吃药，误食要尽快到医院就医，避免慌乱和不恰当处置，延误治疗时机。

生活中的化学品安全指引二十五字要诀："选择要合理、使用要正确、储存要注意、弃置要慎重、应急要妥善"。

第一节　生活中的化学消毒剂安全指引

化学消毒剂是指用于杀灭传播媒介上病原微生物，使其达到无害化要求的制剂。不同于抗生素，化学消毒剂在防病中的主要作用是将病原微生物消灭于人体之外，切断传染病的传播途径，达到控制传染病的目的。

1. 消毒剂的分类

按有效成分可分为含氯消毒剂、醇类消毒剂、过氧化物类消毒剂、含碘消毒剂、醛类消毒剂、酚类消毒剂、季铵盐类消毒剂、胍类消毒剂及环氧乙烷等。按用途可分为物体表面消毒剂、医疗器械消毒剂、空气消毒剂、手消毒剂、皮肤消毒剂、黏膜消毒剂、疫源地消毒剂等。按杀灭微生物能力可分为高效消毒剂、中效消毒剂和低效消毒剂。消毒产品是否能杀灭此种病原微生物，是低、中、高效消毒剂的判断标准，如下表所示。

表5　低、中、高效消毒剂的功效

类型	功效
低效消毒剂	杀灭细菌繁殖体、亲脂类病毒，对真菌有一定作用
中效消毒剂	在低效的基础上，增加杀灭分枝杆菌、病毒
高效消毒剂	对细菌芽孢也有一定杀灭作用

消毒剂本身是具有一定危险性的化学品，必须严格按照说明选用。目前作为消杀类产品的主要原料有：三氯异氰尿酸、酒精、次氯酸钠、过氧化氢、过氧乙酸和二氧化氯等，这六种危化品均可有效灭活病毒，其本身是具有一定危险性的化学品，同时具有易燃、毒害、腐蚀等危险特性，一般不直接用于消毒等民用用途，市面上的消杀类产品主要是通过对这些工业化学品进行提纯、稀释、混合等再生产后为公众直接使用。

消毒剂不是浓度越高越好，过度使用会带来其他风险。如过氧乙酸是一种强氧化剂，可以轻易地将微生物杀灭，常用于衣物、地面、墙壁、房屋空间等的消毒，但使用浓度过高时可刺激、损害皮肤黏膜，腐蚀物品。同时，长期大量使用同一种消毒剂、灭菌剂，会使微生物产生抗药性，灭菌效果大大降低。为避免致病菌产生耐药性，可以轮换使用不同消毒剂。

部分消毒剂一定程度可以在功能上相互替代，但各类消毒剂消毒原理不同，使用和禁忌事项也各不相同，必须慎重选用，才能做到安全消毒、有效消毒、绿色消毒。

2019 年 12 月底，湖北省武汉市陆续发生多例"不明原因发热伴肺炎"病例，经实验室基因检测和病毒分离确定为 2019 新型冠状病毒（2019 novel coronavirus，2019-nCoV）感染导致的肺炎。2020 年 2 月 8 日国家卫生健康委员会将新型冠状病毒感染的肺炎统一称谓为"新型冠状病毒性肺炎"（novel coronavirus pneumonia，NCP），简称"新冠肺炎"。2020 年 2 月 12 日，世界卫生组织宣布将这一病毒导致的疾病正式命名为"COVID-19"。由于新冠肺炎疫情严重，范围波及广泛，全国各地都在积极进行疫情防控工作，消毒剂的使用是其中一个重要的防控措施。

新型冠状病毒是一类具有包膜的 RNA 病毒，当包膜被消毒剂破坏后，RNA 也非常容易被降解，从而使病毒失活。由于有这个包膜，冠状病毒对化学消毒剂敏感，所以含氯消毒剂、75% 酒精、乙醚、氯仿、甲醛、过氧乙酸等消杀类产品均可灭活病毒。公众只牢牢记住了"新型冠状病毒怕酒精和消毒液"，由此引发了一些因过度使用、储存不当而造成环境污染、损害人体健康的隐患，甚至引发火灾、中毒、灼伤等安全事故的风险。

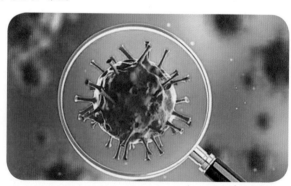

本书介绍几种常见的消毒用品使用注意事项、健康危害和处理原则，仅供大家日常消毒工作参考。

1.1 含氯消毒剂

含氯消毒剂是指溶于水后能产生具有杀菌作用的活性氯的一类消毒剂，属于使用最广泛的一类广谱、高效消毒剂。这类消毒剂包括无机氯化合物（如 84 消毒液、次氯酸钙、氯化磷酸三钠等）、有机氯化合物（如二氯异氰尿酸钠、三氯异氰尿酸、氯铵 T 等），作用机制是：①氧化作用；②氯化作用；③新生态氧的杀菌作用。即次氯酸释放出来的氧原子和氯原子可将病原体蛋白质氧化和氯化导致细菌死亡。无机氯化合物性质不稳定，易受光、热和潮湿的影响，丧失其有效成分，如次氯酸钠（有效氯 10%~12%）、漂白粉（有效氯 25%）、漂粉精（次氯酸钙为主，有效氯 80%~85%）、氯化磷酸三钠（有效氯 3%~5%）；有机氯则相对稳定，但是溶于水之后均不稳定，如二氯异氰尿酸钠（有效氯 60%~64%）、三氯异氰尿酸（有效氯 87%~90%）、氯铵 T（有效氯 24%）等。

注意：氯己定不属于含氯消毒剂，不要按含氯消毒剂的推荐使用剂量和时间来使用。世界卫生组织在相关指引中针对新型冠状病毒，仅提出氯己定对其无效。

次氯酸消毒剂适用于物体表面、织物等污染物品以及水、果蔬和饮具等的消毒。除上述用途外，还可用于室内空气、二次供水设备设施表面、手、皮肤和黏膜的消毒。

1.2 含氯消毒剂的配制

根据不同含氯消毒剂产品的有效氯含量，一般可用自来水（特殊需要用蒸馏水）将其配制成所需浓度消毒液。

消毒片：消毒片（三氯异氰尿酸、强氯精）的配制、使用相对比较方便，每片含有效氯 500 mg，取 1 片放入装有 1 升水（1kg）的容器内，5~10 min 后消毒片会自己溶解，稍搅拌即成有效氯 500 mg/L 的消毒液；放入 2 升水中就配成了有效氯 250 mg/L 的消毒液。

漂白粉：是含有效氯约 25% 左右的消毒粉，称 2 克（g）放入装有 1 升水（1kg）的容器内搅拌至全部溶解，待溶液澄清后取其上清液即为有效氯 500 mg/L 的消毒液；如称 1 克（g）放入 1 升（L）水中按前法配制，就配成了有效氯 250 mg/L 的消毒液。

消毒液：84 消毒液属于代表性含氯消毒剂，是以次氯酸钠（NaClO）为主要有效成分的消毒液，适用于一般物体表面、白色衣物、医院污染物品的消毒。

NaClO 具有强氧化性，可作漂白剂，能够将具有还原性的物质氧化，使其变性，从而起到消毒的作用。84 消毒剂有致敏作用，具有腐蚀性，可致人体灼伤，该物品放出的游离氯有可能引起中毒。该物品不燃。必须稀释以后才能使用（按照说明书），使用时应戴手套，避免接触皮肤。

1.3 含氯消毒剂的使用方法

常用的消毒方法有浸泡、擦拭、喷洒与干粉消毒等方法。

（1）浸泡法。将待消毒的物品放入装有含氯消毒剂溶液的容器中，加盖。对细菌繁殖体污染的物品的消毒，用含有效氯 200 mg/L 的消毒液浸泡 10 min 以上；对经血传播病原体、分枝杆菌和细菌芽孢污染物品的消毒，用含有效氯 2 000~5 000 mg/L 消毒液浸泡 30 min 以上。

（2）擦拭法。对大件物品或其他不能用浸泡法消毒的物品用擦拭法消毒；消毒所用药物浓度和作用时间参见浸泡法。

（3）喷洒法。对一般污染的物品表面，用 1 000 mg/L 的消毒液均匀喷洒（墙面 200 mL/m^2，水泥地面 500 mL/m^2），作用 30 min 以上；对经血传播病原体、结核杆菌等污染的表面的消毒，可用含有效氯 2 000 mg/L 的消毒液均匀喷洒（喷洒量同前），作用 60 min 以上。

（4）干粉消毒法。对排泄物的消毒，用含氯消毒剂干粉加入排泄物中，使含有效氯 10 000 mg/L，略加搅拌后，作用 2~6 h；对医院污水的消毒，用干粉按有效氯 50 mg/L 用量加入污水中，并搅拌均匀，作用 2 h 后排放。

1.4 含氯消毒剂对健康的危害及处理原则

1.4.1 对健康的危害

（1）口服、吸入、溅入眼中和皮肤接触均可造成损伤。

（2）主要损害为黏膜的刺激和腐蚀。

（3）误服后会导致口咽、食道和胃的烧灼感，出现恶心、呕吐、烧心、反酸、腹痛等症状。口服剂量大者可出现循环衰竭、多器官功能衰竭而死亡。

（4）吸入后可出现明显呼吸道刺激症状，如咳嗽、气短、呼吸困难等，严重者可发生化学性支气管炎、化学性肺炎，甚至化学性肺水肿。

（5）皮肤接触后可出现皮肤局部水疱、红肿、皮疹等接触性皮炎表现。

1.4.2 处理原则

（1）口服中毒：浓度低、剂量小者，可立即口服 100~200 mL 的牛奶、蛋清或氢氧化铝凝胶；浓度高、剂量大者，可考虑谨慎洗胃，不主张催吐和使用酸碱中和剂。加强脏器功能的对症支持治疗。

（2）吸入中毒：立即将患者转移至空气新鲜处，如出现咳嗽、呼吸困难等呼吸道刺激症状，给予吸氧及对症治疗；出现化学性肺炎或化学性肺水肿表现，应早期、足量给予肾上腺糖皮质激素治疗，必要时使用呼吸机支持。

（3）眼或皮肤污染：眼睛溅入含氯消毒剂后，应立即使用流动清水或生理盐水持续冲洗 15 min 以上。皮肤沾染后，可使用大量清水彻底清洗。

1.5 含氯消毒剂的安全使用注意事项

（1）正确使用。应选择有卫计委卫生许可批件的消毒剂使用。配制和分装高浓度消毒液时，应戴口罩和手套；使用时应戴手套，避免接触皮肤。如不慎溅入眼睛，应立即用水冲洗，严重者应就医。现配现用，经配制的消毒液应当天用完。含氯消毒剂具有一定的氧化性、腐蚀性以及致敏性，过量或长期接触可能会致人体灼伤。与其他物质混用，有可能发生化学反应引起中毒。严禁含氯消毒剂与其他消毒或清洁产品混合使用。如 84 消毒液与洁厕剂混合，会产生有毒气体（氯气），刺激人体咽喉、呼吸道和肺部，轻者可能引起咳嗽、胸闷等，重者可能出现呼吸困难，甚至死亡。因此，清洁马桶时，应将这两种物品分开使用。可以先用洁厕灵刷一遍，用水冲干净后，再用稀释后的 84 消毒液冲一遍。

使用方法：物体表面消毒时，使用浓度为 500 mg/L；疫源地消毒时，物体表面使用浓度为 1 000 mg/L，有明显污染物时，使用浓度为 10 000 mg/L；室内空气和水等其他消毒时，依据产品说明书。

（2）做好防护。含氯消毒剂一般具有很强的刺激性或腐蚀性，如果长时间直接和人体接触，对人的皮肤和黏膜有较大的刺激，调配及使用时最好应佩戴口罩和橡胶手套进行操作。调配或使用时应开门窗，保持空气流通。配制时应有量杯或汤勺计算分量。

（3）规范用途。含氯消毒剂的漂白作用与腐蚀性一般较强，严禁与酸性物质接触，最好不要用于衣物的消毒，必须使用时浓度要低，浸泡的时间不要太长。消毒好的物品应以清水冲洗及抹干，以免对表面有腐蚀。

（4）安全存放。含氯消毒剂应储存于阴凉、通风处，远离火种、热源，避免阳光直射，并放在小孩触摸不到的地方，避免误服。如不慎接触眼睛，应立即用清水冲洗 15 min，如仍不适可求医。消毒期间不要随意用手揉擦眼睛，触摸鼻子或嘴，及时洗手。

（5）应急处置。皮肤沾染含氯消毒剂原液时，必须立即用大量流动清水冲洗，眼部溅到含氯消毒剂时要用清水或生理盐水连续冲洗，并迅速送医院治疗。误服者可立即喂食牛奶、蛋清等，以保护胃黏膜，减轻损害，然后进行催吐，并马上送往医院进行救治。

要保证消毒剂的消毒效果，在使用中还应注意以下问题：

（1）浓度：任何一种消毒剂都有它的最低有效浓度，若低于该浓度就失去杀菌的能力。故在使用时，应根据有效成分变化来改变配制比例，只有达到杀菌所需的浓度，才能保证其效果。

（2）温度：大部分消毒剂存在着不太稳定的缺点，因此在保存时不要放在温度较高或直接日晒的地方，室温下存放即可。

（3）时间：这里指的是消毒时间，任何一种消毒剂或消毒方法都有规定的消毒时间，使用时要按照说明书上规定的要求去做，才能保证并达到消毒效果。

2. 醇类消毒剂

醇类消毒剂最常用的是乙醇和异丙醇，它可凝固蛋白质，导致微生物死亡，属于中效消毒剂，可杀灭细菌繁殖体，破坏多数亲脂性病毒；醇类杀微生物作用会受到有机物影响，而且由于易挥发，应采用浸泡消毒或反复擦拭以保证其作用时间。醇类常作为某些消毒剂的溶剂，而且有增效作用，常用浓度为 75%。

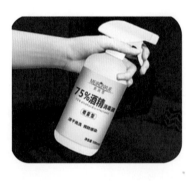

酒精又称乙醇，在常温常压下是一种易燃、易挥发的无色透明液体，沸点 78.3 ℃，闪点 13 ℃，密度 0.789 g/mL。65%~80%（体积分数）的乙醇作用 1~5 min 可杀灭一般细菌繁殖体、分枝杆菌、真菌孢子、亲脂病毒，但不能杀灭细菌芽孢，属中效消毒剂。

酒精蒸气与空气可以形成爆炸性混合物，遇明火、高热能引起爆炸燃烧。在没有明火的前提下，酒精自燃温度在 323 ℃，超过 323 ℃以上会自燃。酒精蒸气比空气重，能在较低位置处扩散到较远的地方，遇火源会着火回燃。酒精在空气中爆炸极限为 3.3%~19%，当空气中的酒精含量达到 3.3% 以上，遇到火源会发生闪爆；当达到 19%，温度等于或大于 13 ℃ 以上时，遇到火源就会闪燃。

2.1 乙醇（酒精）健康危害及处理原则

2.1.1 健康危害

（1）急性乙醇中毒主要是因为过量饮酒。

（2）呼吸道吸入途径中毒相对少见，且中毒表现大多相对较轻。

（3）使用大量乙醇擦浴物理降温也可导致中毒。

（4）早期呈兴奋状态，有欣快感、语无伦次、颜面潮红、步态不稳、判断力障碍、动作不协调等。严重者可逐渐进入嗜睡状态，甚至昏迷、大小便失禁、面色苍白、血压下降、呼吸表浅或出现陈–施氏呼吸，心率缓慢，可因呼吸、循环衰竭而死亡。

2.1.2 处理原则

（1）轻度中毒一般无须特殊治疗。

（2）吸入乙醇蒸气者，应立即脱离现场，可卧床休息，注意保暖。

（3）发生急性重度中毒时应立即就医。

2.1.3 其他风险

酒精为甲类致燃物，操作不当易引发燃烧爆炸。所以，酒精的正确使用很重要。

药用酒精（乙醇）是家庭药箱的必备药品，不同的用途要求不同的浓度（体积分数）。95% 的酒精医疗单位常用于酒精灯、酒精炉，点燃后用于配制化验试剂或药品制剂的加热，也可用其火焰临时消毒小型医疗器械。70% ~75% 的酒精可用于灭菌消毒，包括皮肤消毒、医疗器械消毒、碘酒的脱碘等。由于酒精具有一定的刺激性，75% 的酒精可用于皮肤消毒，不可用于黏膜和大创面的消毒。40% ~50% 的酒精用于预防褥疮。护理人员可将少量 40% ~50% 的酒精倒入手中，均匀地按摩患者受压部位，以达到促进局部血液循环、防止褥疮形成的目的。25% ~50%的酒精用于物理退热。具体方法是：护理人员将纱布或柔软的小毛巾用酒精蘸湿，拧至半干，轻轻地擦拭患者（婴幼儿慎用）的颈部、胸部、腋下、四肢和手脚心。擦浴用酒精浓度不可过高，否则大面积地使用高浓度的酒精可刺激皮肤，吸收表皮大量的水分。

2.2 酒精的安全使用注意事项

使用酒精消毒时必须使用"医用"酒精，酒精浓度75%效果最佳。如果使用高浓度（如95%）酒精，由于脱水过于迅速，使细菌表面蛋白质首先变性凝固，形成了一层坚固的包膜，此时包膜内层蛋白质仍然有活性，反而达不到消毒效果。据国外报道，80%的乙醇对病毒具有良好的灭活作用。醇类消毒剂中醇含量过高，使用不当会对中枢神经系统造成危害。由于醇类具有挥发性，因此在使用醇类消毒剂时应注意开瓶时效。醇类消毒剂在使用时注意以下几点：

（1）注意通风。在室内使用酒精时，需要保证良好通风，使用的毛巾等布料清洁工具，在使用完后应用大量清水清洗后密闭存放，或放通风处晾干。

（2）正确使用。如单一使用乙醇进行手消毒，建议消毒后使用护手霜。不得口服，对酒精过敏者慎用。使用前彻底清除使用地周边的易燃及可燃物，使用时不要靠近热源、避开明火。比如做饭、打电话、吸烟、使用电蚊拍等行为，在喷洒高浓度酒精后均不能立即进行。给电器表面和灶台消毒时，应先关闭电源和火源，待电器和灶台冷却后再用酒精擦拭，以免酒精挥发导致爆燃。不要使用酒精对衣物直接喷洒消毒，如果遇到明火或静电，可能发生引燃。环境物表应采取擦拭方法消毒，使用时保证室内通风良好。不宜用于脂溶性物体表面的消毒，不可用于空气消毒。不能将酒精用于大面积喷洒，如楼道、会议室、办公室、居民住房内等都不可以用酒精喷洒消毒，以免引起火灾。酒精每次取用后，必须立即将容器上盖封闭，严禁敞开放置。

使用方法：

（1）卫生手消毒：均匀喷雾手部或涂擦揉搓手部1~2遍，作用1 min。

（2）外科手消毒：擦拭2遍，作用3 min。

（3）皮肤消毒：涂擦皮肤表面2遍，作用3 min。

（4）较小物体表面消毒：擦拭物体表面2遍，作用3 min。

（5）适量储存。酒精是易燃、易挥发的液体，居民在家中用酒精消毒时，建议购买民用小包装的医用酒精，单瓶包装不宜超过500 mL，不要在家中大量囤积酒精，以免留下安全隐患。

（6）安全存放。酒精容器应首选玻璃或专用的塑料包装储存，并必须有可靠的密封，严禁使用无盖的容器。剩余酒精存放时特别要注意盖紧盖子，避免挥发，要避光存放在阴凉处，不要放在阳台、灶台、暖气等热源环境中。

（7）加强教育。有幼儿的家庭，酒精应该放在儿童触摸不到的地方，避免误服。对于年龄稍大的孩子，家长可以给孩子讲解酒精的特性，教育孩子不要玩弄酒精，更不能用火点燃。

（8）应急处置。如果酒精遗洒，应及时擦拭处理。酒精意外引燃可使用干粉灭火器、二氧化碳灭火器等进行灭火，小面积着火也可用湿毛巾、湿衣物覆盖灭火。如在室外燃烧，可以使用沙土覆盖。

切记：酒精消毒时一定要防火！

酒精消毒虽好
使用危险不小

2.3 酒精着火灭火简易方法

湿布盖火，隔绝氧气是最靠谱的扑灭酒精起火的方法。在实际操作中，有条件时，最好使用覆盖面较大的湿布，灭火时不能有快速拍打动作。一旦被烧伤，伤者正确的应对措施应当包括以下几点：

第一，立即脱去衣物。衣物沾上酒精，已经成为燃烧物，以最快速度去除衣物，脱离热源，可以最大限度地减轻损伤和后果。

第二，避免高声喊叫。在头面部已经被火焰包围的情况下，喊叫会引起严重呼吸道烧伤，而呼吸道烧伤,是烧伤患者三大死亡原因之一。

第三，设法灭火。应当就地打滚压灭火焰或至少压制火势，减轻损伤。

此外，如果使用酒精给家用轿车消毒，建议车辆停留在通风良好、没有暴晒、远离火种及热源的室外环境，且保证车辆熄火、车窗车门都打开的情况下，再使用 75% 浓度的酒精对车辆的方向盘、按钮、车门把手等物体表面进行擦拭消毒。如果确实需要对车内进行大规模消毒，可按产品标签标识选用能作用于金属、皮革表面的日常家居类消毒剂以杀灭肠道致病菌的浓度进行配制和使用，消毒后可用湿润的干净毛巾反复擦拭，并打开车窗通风。

3. 过氧化物消毒剂

过氧化物类消毒剂具有强氧化性，各种微生物对其十分敏感，可将所有微生物杀灭。这类消毒剂包括过氧化氢、过氧乙酸和臭氧等。它们的优点是消毒后在物品上不留残余毒性。

3.1 过氧化氢

纯过氧化氢作为一种强氧化剂，可以任意比例与水混合，可溶于醇、乙醚，不溶于苯、石油醚。水溶液俗称双氧水，为无色透明液体，微酸性，是医药、卫生行业上广泛使用的消毒剂。医用双氧水可杀灭肠道致病菌、化脓性球菌、致病酵母菌等，一般用于物体表面消毒。

过氧化氢自身不燃，但能与可燃物反应放出大量热量和氧气而引起着火爆炸。过氧化氢在 pH 为 3.5~4.5 时最稳定，在碱性溶液中极易分解，在遇强光，特别是短波射线照射时也能发生分解。当加热到 100 ℃以上时，开始急剧分解。它与许多有机物如糖、淀粉、醇类、石油产品等形成爆炸性混合物，在撞击、受热或电火花作用下能发生爆炸。过氧化氢与许多无机化合物或杂质接触后会迅速分解而导致爆炸，放出大量的热量、氧和水蒸气。大多数重金属（如铜、银、铅、汞、锌、钴、镍、铬、锰等）及其氧化物和盐类都是其活性催化剂，尘土、香烟灰、碳粉、铁锈等也能加速其分解。浓度超过 69% 的过氧化氢，在具有适当的点火源或温度的密闭容器中，会产生气相爆炸。

3.1.1 过氧化氢的健康危害及处理原则

健康危害：

（1）浓度大于 10% 的过氧化氢有较强的氧化性和腐蚀性，可引起皮肤、眼、消化道的化学性烧伤。吸入该品蒸气或雾对呼吸道有强烈刺激性。眼直接接触液体可致不可逆损伤甚至失明。

（2）口服中毒，会出现腹痛、胸口痛、呼吸困难、呕吐、一时性运动和感觉障碍、体温升高等。个别病例出现视力障碍、癫痫样痉挛、轻瘫。

处理原则：

（1）不慎与眼睛接触后，请立即用大量流动清水或生理盐水彻底冲洗至少 15 min，并征求医生意见。

（2）引起上呼吸道刺激症状时，应立即脱离现场，保持安静、更换污染衣物，保暖，立即给予氧气吸入，并对症处理。

3.1.2 过氧化氢的安全使用注意事项

过氧化氢是公认的低毒物质，但若使用不当，仍有可能造成危害。

（1）不得口服，应置于儿童不易触及处。

（2）对金属有腐蚀作用，勿长期浸泡。

（3）避免与碱性及氧化性物质混合。

（4）稳定性差，需避光、避热，置于常温下保存，远离火源、热源。

（5）不可与还原剂、强氧化剂、碱、碘化物混合使用。

3.2 过氧乙酸

过氧乙酸又名过乙酸，乙酰过氧化氢。为无色或淡黄色液体，有强烈刺激性气味，易燃烧，易溶于水，溶于乙醇、乙醚、乙酸、硫酸，对热不稳定。过氧乙酸可分解为乙酸、氧气，与还原剂、有机物等接触会发生剧烈反应，有燃烧爆炸的危险。高浓过氧度（大于 45%）过氧乙酸可由剧烈碰撞或高热引起爆炸。过氧乙酸消毒剂是一种强氧化剂，属高效过氧化物类消毒剂，是一种广谱、高效消毒剂。过氧乙酸的气体和溶液都具有很强的杀菌能力，对细菌繁殖体、芽孢、病毒和真菌都有高度杀灭功能，具有酸性腐蚀性，必须稀释后使用。

3.2.1 过氧乙酸健康危害及处理原则

健康危害：过氧乙酸可通过消化道、呼吸道和皮肤黏膜侵入体内，对眼睛、呼吸道和皮肤黏膜均有明显刺激性和腐蚀性。

处理原则：轻度中毒一般无须特殊治疗，立即脱离现场，可卧床休息，注意保暖。急性重度中毒时应立即就医。

3.2.2 过氧乙酸的安全使用注意事项

过氧乙酸可通过浸泡、喷洒、喷雾、擦拭的方式对物品进行消毒。市售过氧乙酸为加有稳定剂的过氧乙酸水溶液，浓度一般为20%，消毒前稀释至使用浓度。另一种剂型为二元包装型：将加有催化剂硫酸的冰醋装于一瓶，将过氧化氢装于另一瓶，两瓶配套出售。临用前，将两瓶液体混匀，静置2 h以上，即可产生预定浓度的过氧乙酸。

（1）采取防护。应严格按照所购入的过氧乙酸消毒液的浓度和使用说明进行稀释配制，稀释及使用时必须佩戴橡胶手套，操作要轻拿轻放，避免剧烈摇晃，防止溅入眼睛、皮肤、衣物上。配制消毒液的容器最好用塑料制品，配制过氧乙酸时忌与碱或有机物混合，以免产生剧烈分解，甚至发生爆炸。

（2）确保使用浓度。因过氧乙酸溶液不稳定，应贮存于通风阴凉处，或随时使用随时配制，用前先测定有效含量；用蒸馏水或去离子水配制稀释液，稀释常温下保存不宜超过2天。

（3）正确使用。过氧乙酸消毒液具有一定的毒性，在进行室内喷洒消毒时浓度不宜过高，以免危害人体。在进行室内熏蒸消毒时，人员应撤离现场，熏蒸结束室内通风15 min后人员方可进入。过氧乙酸对金属有腐蚀性，不能用于对金属物品的消毒。过氧乙酸对大理石和水磨石等材料地面有明显损坏作用，切忌用其水溶液擦拭地面，不可用于地面消毒。

（4）安全存放。过氧乙酸消毒液应储存于阴凉、通风处，远离火种、热源，避免阳光直射，并应该放在小孩触摸不到的地方，避免误服。

（5）应急处置。皮肤沾染过氧乙酸消毒液原液时，必须立即用大量流动清水冲洗，眼部溅到过氧乙酸消毒液时要用清水或生理盐水连续冲洗，并迅速送医院治疗。

3.2.3 氧化物消毒剂使用方法

物体表面：0.1%~0.2%过氧乙酸或3%过氧化氢，喷洒或浸泡消毒作用时间30 min，然后用清水冲洗去除残留消毒剂。

室内空气消毒：0.2%过氧乙酸或3%过氧化氢，用气溶胶喷雾方法，用量按 $10mL/m^3$~$20mL/m^3$（$1g/m^3$）计算，消毒作用60 min后通风换气；也可使用15%过氧乙酸加热熏蒸，用量按 $7 mL/m^3$ 计算，熏蒸作用1~2 h后通风换气。

皮肤伤口消毒：3%过氧化氢消毒液，直接冲洗皮肤表面，作用 3~5 min。

医疗器械消毒：耐腐蚀医疗器械的高水平消毒，6%过氧化氢浸泡作用 120 min，或 0.5%过氧乙酸冲洗作用 10 min，消毒结束后应使用无菌水冲洗去除残留消毒剂。

4. 二氧化氯

常温下，二氧化氯为黄绿色至橙黄色气体，带有类似氯气和臭氧的强烈刺激性气味，极易溶于水。二氧化氯消毒剂是一种绿色、安全、高效、广谱的消毒杀菌剂，可以杀灭养殖水体中的一切微生物，包括细菌繁殖体、细菌芽孢、真菌、分枝杆菌和各种病毒等。它对微生物细胞壁有较强的吸附穿透能力，可有效地氧化细胞内含巯基的酶，还可以通过快速地抑制微生物蛋白质的合成来破坏微生物。二氧化氯不稳定，受光和热也易分解释放出氯气，其溶液于冷暗处相对稳定。

适用于水（饮用水、医院污水）、物体表面、食饮具、食品加工工具和设备、瓜果蔬菜、医疗器械（含内镜）和空气的消毒处理。

4.1 二氧化氯的健康危害及处理原则

健康危害：

（1）二氧化氯中毒主要为氯气导致的中毒。

（2）其刺激症状出现的时间较氯气中毒迟，且逐渐加剧，因此当吸入本品后宜适当延长观察时间，以免贻误病情。

（3）急性吸入后经短暂潜伏期（0.5~3 h）即出现症状，首先出现流泪、流涕、眼痛、鼻酸以及头痛、头昏，继之有咳嗽、喷嚏、咳痰、胸闷、气急等眼、呼吸道刺激症状，也可发生明显哮喘。

（4）低浓度二氧化氯对皮肤黏膜刺激性不明显，高浓度吸入可发生肺水肿。国外曾有急性中毒死亡的报告。

处理原则：

（1）立即脱离现场，保持安静及保暖，用清水彻底冲洗污染的眼睛和皮肤。

（2）出现呼吸困难、头痛、呕吐等不适时应立即就医。

（3）出现刺激反应者，至少严密观察 12 h。

4.2 二氧化氯的安全使用注意事项

使用方法：

物体表面消毒时，使用浓度 50~100 mg/L，作用 10~15 min；生活饮用水消毒时，使用浓度 1~2 mg/L，作用 15~30 min；医院污水消毒时，使用浓度 20~40 mg/L，作用 30~60 min；室内空气消毒时，依据产品说明书。

（1）使用时应戴手套，避免高浓度消毒剂接触皮肤和吸入呼吸道，如不慎溅入眼睛，应立即用水冲洗，严重者应就医。

（2）外用消毒剂，不得口服，应置于儿童不易触及处。

（3）不宜与其他消毒剂、碱或有机物混用。

（4）二氧化氯片剂或粉剂兑水后激发出二氧化氯，可以杀灭空气中对人体有害的细菌病毒，同时去除空气中的硫化物、异味。空间大的可以用粉剂，家庭等小范围可以用二氧化氯泡腾片，泡腾片使用方便易保存，便于控制用量，自然挥发不用喷雾，按照十平方米左右的室内 1 g 的泡腾片一片兑水 500 mL，在没有人的情况下静置敞口放于房间即可，有效作用时间一天。物体表面消毒时，使用浓度 50~100 mg/L，作用 10~15 min；生活饮用水消毒时，使用浓度 1~2 mg/L，作用 15~30 min；医院污水消毒时，使用浓度 20~40 mg/L，作用 30~60 min；室内空气消毒时，依据产品说明书。

5. 含碘消毒剂

碘是一种活动性很强的化学元素，一方面可直接卤化菌体的蛋白质，另一方面凭着很强的渗透力，可直达菌体内部，加强了对病原体的杀灭作用。含碘的消毒剂有碘酒（医学上称碘酊）、碘伏及安尔碘三种。

5.1 碘伏

碘伏是以水为溶媒的单质碘（碘不溶于水，要经过特殊工艺制成）与聚乙烯吡咯烷酮的不定型结合物，有效碘 2~10 g/L，属中效消毒剂。医用碘伏通常浓度较低（1% 以下）呈现浅棕色。

碘伏作为一种消毒防腐药，具有一定的穿透性，可以穿过病毒的蛋白质外壳，或者是微生物的细胞壁，对其内部进行攻击，经过一系列复杂的化学反应，

最终导致病毒或微生物的死亡,从而达到消毒的目的。对于大多数细菌,包括真菌、霉菌、病毒、原虫和芽孢都有良好的杀灭效果。

碘伏杀菌作用迅速,低毒,对皮肤、黏膜、伤口几乎没有刺激性,适用于皮肤、黏膜的消毒,也可治疗烫伤、皮肤霉菌感染、烧伤、冻伤、切割伤、擦伤、挫伤等一般各类外伤。

碘伏常用的浓度是1%;用于皮肤的消毒治疗可直接涂擦;稀释二倍可用于口腔炎漱口;稀释十倍可用于阴道炎冲洗治疗。此外,还可用于医疗器械的一般性消毒,以及饮用水、环境表面、食具、餐具等的消毒。

5.1.1 碘伏的健康危害及处理原则

健康危害:碘伏对皮肤黏膜无明显腐蚀性和刺激性,其稀溶液毒性低。

处理原则:大多症状轻微,一般不需特殊处理。口服接触者,可口服淀粉溶液,中和游离碘。禁止与红汞等拮抗药物同用。碘伏原液应室温下避光保存。

5.1.2 碘伏的安全使用注意事项

(1)对于已经用"红汞"(俗称红药水)消毒的伤口不能再用碘伏,以免产生碘化汞而腐蚀皮肤。

(2)碘伏稀溶液毒性低,无腐蚀性。原液应在室温下避光保存。但稀溶液不稳定,需要在使用前配制,避免接触银、铝和二价合金,因为对金属有腐蚀。

(3)少部分人有可能对碘伏过敏,出现涂抹部位红肿、皮疹及瘙痒,应避免再用碘伏,用生理盐水擦洗或去医院就诊。

(4)碘伏不能入眼,面部消毒时应保护双眼,一旦入眼,立即用大量清水冲洗后去医院就诊。

聚维酮碘(聚乙烯基吡咯烷酮碘),是碘伏的一种。具体差别其实只是浓度不一样而已。碘伏有效碘为0.2%,聚维酮碘为0.5%~1%。使用对象不同:碘伏是皮肤消毒剂,聚维酮碘是皮肤黏膜消毒剂;杀菌效果不同:碘伏要强于聚维酮碘。聚维酮碘的特点:广谱杀菌、杀菌力强、毒性低、几乎没有刺激性和腐蚀性,对细菌、真菌、病毒均有效。

5.2 碘酒(碘酊)

碘酒是碘酊的俗称,实际二者为同一种物质,医学上一般称碘酊，是由碘和碘化钾溶解于酒精溶液而制成，碘是一种固体，碘化钾有助于碘在酒精中的溶解。有效碘 18~22 g/L，乙醇 40%~50%。市售碘酒的浓度为 2%，棕红色澄清液，有碘和乙醇气味。

碘酒有强大的杀灭病原体作用，属于中效消毒剂，它可以使病原体的蛋白质发生变性，可以杀灭细菌、真菌、病毒、阿米巴原虫等，可用来治疗许多细菌性、真菌性、病毒性等皮肤病。适用于手术部位、注射和穿刺部位皮肤及新生儿脐带部位皮肤消毒，不适用于黏膜和敏感部位皮肤消毒。

碘酒杀菌力大小与溶液的浓度及其对人体组织的刺激性和腐蚀性强弱成正比。其中 0.5%~1% 碘酒可涂于皮肤黏膜。浓度为 2% 的碘酒常被用于完整皮肤的消毒，但涂搽作用 2~3 min 后必须用 75% 酒精脱碘擦拭（脱碘：用无菌棉拭或无菌纱布蘸取本品，在消毒部位皮肤进行擦拭 2 遍以上，再用棉拭或无菌纱布蘸取 75% 医用乙醇擦拭脱碘）。3.5%~5% 碘酒用于手术或打针前皮肤消毒。因此，建议读者在药店买药时，一定注意碘酒的浓度。此外，涂擦碘酒对皮肤红肿还有消肿治疗作用，但注意只需涂红肿部位，范围不要扩大；对小外伤、扭伤及碰伤皮肤尚未破者不仅活血消淤，还能防止细菌感染。

5.2.1 碘酒的健康危害及处理原则

同碘伏、酒精相关款项。

5.2.2 碘酒的安全使用注意事项

（1）不能大面积使用碘酒，以防大量碘吸收而出现碘中毒。

（2）一般不使用于发生溃烂的皮肤。

（3）新生儿慎用。

（4）对碘过敏者，外涂可致过敏，偶见发热及全身皮疹。

（5）碘酒不宜与红汞（俗称红药水）同时涂用，以免产生碘化汞而腐蚀皮肤。

（6）虽然碘伏和碘酒只有一字之差，但是使用者一定要区分清楚。实在分不清楚，一定看看"成分"那一栏是否有酒精，有酒精就意味着刺激性更大一些。

5.2.3 含碘消毒剂使用方法

碘酊：用无菌棉拭或无菌纱布蘸取本品，在消毒部位皮肤进行擦拭 2 遍以上，再用棉拭或无菌纱布蘸取 75% 医用乙醇擦拭脱碘。使用有效碘 18~22 mg/L，作用时间 1~3 min。

碘伏：外科术前手及前臂消毒，在常规刷手基础上，用无菌纱布蘸取使用浓度碘伏均匀擦拭，从手指尖均匀擦至前臂部位和上臂下 1/3 部位皮肤；或直接用无菌刷蘸取使用浓度碘伏从手指尖刷手至前臂和上臂下 1/3 部位皮肤，然后擦干。使用有效碘 2~10 g/L，作用时间 3~5 min。

黏膜冲洗消毒：含有效碘 250~500 mg/L 的碘伏稀释液直接对消毒部位冲洗或擦拭。

一种新型含碘消毒杀菌剂——安尔碘。安尔碘的全称为安尔碘皮肤消毒剂，其成分包括有效碘、醋酸氯己啶和酒精，含有效碘 0.2%，属强力、高效、广谱的皮肤和黏膜消毒剂。常用于口腔炎症消毒杀菌、伤口与疖肿消毒、肌肉注射前皮肤消毒，还适用于伤口换药及瓶盖、体温表消毒。安尔碘一般应用于医院临床、肌肉静脉注射等皮肤穿刺前消毒，用原液涂擦 1 次；手术部位、外科换药、口腔黏膜、腰穿及采血等特殊部位消毒，用原液涂擦 2 次。

注意：安尔碘含有乙醇，对黏膜和伤口有一定的刺激性。仅供外用，不得口服；对碘、酒精过敏者禁用。

6.醛类消毒剂

醛类消毒剂是使用最早的一类化学消毒剂，主要包括：甲醛、戊二醛、邻苯二甲醛等。醛类消毒剂是一种活泼的烷化剂，主要是通过醛基与蛋白病原体蛋白质中的氨基、羧基、羟基和巯基作用，从而破坏蛋白质分子，引起蛋白质凝固变性，阻碍微生物基础代谢，达到微生物杀灭作用。

醛类消毒剂如甲醛和戊二醛可杀灭各种病原体，对皮肤黏膜有强烈刺激作用，其主要是对眼结膜和呼吸道急性刺激作用，引起流泪、咳嗽，重者可引起支气管炎、血痰以至窒息而死。醛类消毒剂皮肤接触时间过长，可引起皮肤角质化及皮肤变黑等现象，严重者可引起湿疹样皮炎。醛类消毒剂一般作为灭菌剂，主要用于医疗器械消毒和医院消毒。

醛类消毒剂的安全使用注意事项：

（1）由于它们对人体皮肤与黏膜有刺激、固化作用并可使人致敏，所以不可用于空气、食具的消毒。

（2）控制使用量，避免不当使用导致摄入过量引起中毒现象。

（3）使用时注意防护，避免引发刺激反应。

（4）注意时效，避免因超期使用而导致的消毒失效。

（5）注意保存，应放置于儿童不易取到的位置，避免儿童使用。

7. 酚类消毒剂

酚类消毒剂已有 100 年的历史，曾经是医院主要消毒剂之一，为预防和控制疾病的传播起过重要作用。酚类化合物是芳烃的含羟基衍生物，在高浓度下，酚类可裂解并穿透细胞壁，使菌体蛋白凝集沉淀，快速杀灭细胞；在低浓度下，可使细菌的酶系统失去活性，导致细胞死亡。

酚类消毒剂是酸类化合物，呈弱酸性，一般都具有特殊的芳香气味，在环境中易被氧化，因此在使用过程中应注意避免与碱性物质接触。其代表产品有苯酚、煤酚皂溶液、六氯酚、对氯间二甲苯酚等。常用的煤酚皂又名来苏水，其主要成分为甲基苯酚。卤化苯酚可增强苯酚的杀菌作用，例如三氯羟基二苯醚作为防腐剂已广泛用于临床消毒、防腐。

使用方法：

物体表面和织物用有效成分 1 000~2 000 mg/L，擦拭消毒 15~30 min。

酚类消毒剂的安全使用注意事项：

（1）苯酚、甲酚对人体有毒性，在对环境和物体表面进行消毒处理时，应做好个人防护，如有高浓度溶液接触到皮肤，可用乙醇擦去或大量清水冲洗。

（2）消毒结束后，应对所处理的物体表面、织物等对象用清水进行擦拭或洗涤，去除残留的消毒剂。

（3）不能用于细菌芽孢污染物品的消毒，不能用于医疗器械的高、中水平消毒，苯酚、甲酚为主要杀菌成分的消毒剂不适用于皮肤、黏膜消毒。

8. 含溴消毒剂

含溴消毒剂是指溶于水后，能水解生成次溴酸，并发挥杀菌作用的一类消毒剂。目前，使用较多的含溴消毒剂主要有溴氯海因、二溴海因等有机溴类消毒剂，溴氯海因和二溴海因均属乙内酰脲类衍生物。溴氯海因，化学名为溴氯-5，5-二甲基乙内酰脲，化学式为 $C_5H_6N_2BrClO_2$。该含溴消毒剂质量分数92%~95%，有效卤素（以Cl计）质量分数54%~56%。类白色或淡黄色粉末，有氯气味，160 ℃时分解，分解时产生刺激性浓烟；20 ℃时在水中的溶解度为 2 g/L，水溶液呈弱酸性；易吸潮，吸潮后部分分解，在水中水解生成次溴酸（HBrO）和次氯酸（HClO）。二溴海因化学名为1，3-二溴-5，5-二甲基乙内酰脲，化学式为 $C_5H_6N_2Br_2O_2$。该含溴消毒剂质量分数 96%~99%，有效溴（以Br计）质量分数107%~111%。微溶于水，溶于氯仿、乙醇等有机溶剂；白色或淡黄色结晶粉末。

含溴消毒剂在水中能够杀菌主要是它在水中能够通过溶解，不断释放出活性溴离子，溴氯海因同时能释放出溴离子和氯离子，形成次溴酸和次氯酸。溴氯海因与二溴海因均为高效、安全、广谱的消毒剂，可用于医院消毒、工业水处理以及矿泉（温泉）浴池的消毒及其他各种水处理、卫生间消毒除臭、消毒漂白等方面。也可用作一般物体表面的消毒，如家庭、公共场所中日常用品表面及交通工具上人体常接触的物体表面，桌椅、床头柜、卫生洁具门窗把手、楼梯扶手、公交车座椅和儿童玩具等的表面。

溴氯海因和二溴海因使用后的残留物是 5，5-二甲基海因，为碳、氢、氧化合物，对环境无任何残留毒害作用，不破坏水质环境，因此被称为环境友好型消毒剂。

8.1 含溴消毒剂使用方法及注意事项

使用方法：

物体表面消毒常用浸泡、擦拭或喷洒等方法。溴氯-5,5-二甲基乙内酰脲总有效卤素 200~400 mg/L，作用 15~20 min；1,3-二溴-5,5-二甲基乙内酰脲有效溴 400~500 mg/L，作用 10~20 min。

注意事项：

（1）含溴消毒剂为外用品，不得口服。

（2）本品属强氧化剂，与易燃物接触可引发无明火自燃，应远离易燃物及火源。禁止与还原物共贮共运，以防爆炸。

（3）未加入防腐蚀剂的产品对金属有腐蚀性。

（4）对有色织物有漂白褪色作用。

（5）本品有刺激性气味，对眼睛、黏膜、皮肤有灼伤危险，严禁与人体接触。如不慎接触，则应及时用大量水冲洗，严重时送医院治疗。

（6）操作人员应佩戴防护眼镜、橡胶手套等劳动防护用品。

8.2 其他含溴消毒剂

二溴次氮基丙酰胺：分子式 $C_3H_2Br_2N_2O$，该消毒剂是一种广谱、高效的杀菌剂，是高效消毒灭藻剂，用来防止造纸工业用水、工业冷却水、皮革生产用水、金属加工用润滑油、水乳化液、纸浆、木材、胶合板、涂料和纤维中细菌和藻类的生长。

富溴：化学结构为 2-溴-4-氯-6-X-1,3,5 三氮杂苯，当 X=H 时，分子式为 $C_3HO_3N_3BrCl$，富溴具有较强的杀菌作用。富溴入水以后能在水中通过不断释放出活性 Br^- 和 Cl^-，形成次溴酸和次氯酸，具有高效、广谱、适用范围广泛、残留小、不受氨氮/pH 影响等优点。多用于渔业生产中的防病治病需要。

氯化溴：分子式 BrCl，其中溴显 +1 价，氯显 -1 价。为橘红色、挥发性不稳定的液体或气体，沸点 10 ℃，溶于水，溶于醚，有强氧化性。与水反应的方程式：$BrCl + H_2O \rightleftharpoons HBrO + HCl$。由于氯化溴由溴和氯两种卤素组成，具有氯作为消毒剂和氧化剂的所有的优点。氯化溴在废水中灭活肠道病毒和大肠菌群更加有效。

9. 环氧乙烷

环氧乙烷又名氧化乙烯，是易燃、易爆的有毒气体，具有芳香的醚味，沸点为 10.8 ℃，在室温条件下，很容易挥发成气体，当浓度过高时可引起爆炸。属于高效消毒剂，对金属不腐蚀，无残留气味，可杀灭细菌（及其内孢子）、霉菌及真菌。它的穿透力强，常用于皮革、塑料、医疗器械、医疗用品包装后的消毒或灭菌，而且对大多数物品无损害。可用于那些不能用消毒剂浸泡，干热、压力、蒸气及其他化学气体灭菌之物品的灭菌。如用于精密仪器、贵重物品的消毒，尤其因为对纸张色彩无影响，常被用于书籍、文字档案材料的消毒。

环氧乙烷的安全使用注意事项：

环氧乙烷具有毒性、致癌性、刺激性和致敏性，属于易燃、易爆化学品，因此并不常见于日常生活消毒。一旦意外与人体接触，需立即处理。

（1）皮肤接触：应立即脱去污染的衣着，用大量流动清水冲洗至少 15 min，就医。

（2）眼睛接触：立即提起眼睑，用大量流动清水或生理盐水彻底冲洗至少 15 min，就医。

（3）吸入：迅速脱离现场至空气新鲜处。保持呼吸道通畅。如呼吸困难，给输氧。如呼吸停止，立即进行人工呼吸。呼吸心跳停止时，立即进行人工呼吸和胸外心脏按压术。

10. 双胍类和季铵盐类消毒剂

双胍类和季铵盐类消毒剂都属于阳离子表面活性剂，这类化合物可以改变细菌细胞膜的通透性，使菌体胞浆物质外渗，阻碍其代谢而起到杀灭作用。双胍类是一类低效消毒药物，对细菌的繁殖体杀菌作用强大，但不能杀灭细菌的芽孢、分枝杆菌和病毒。可用于皮肤和黏膜消毒，也可用于物体表面消毒。常用的有氯己定（洗必泰）、皮可洗定。

双胍类和季铵盐类消毒剂常与其他消毒剂复配以提高其杀菌效果和杀菌速度，将其溶于乙醇中增强杀菌效果，用于医院里非关键物品与手部皮肤的消毒。如氯己定－醇消毒药物是一种常用的皮肤、黏膜消毒药物，因具有杀菌范围广、合成简单、毒性小、成本低、性能稳定、加热不易分解、使用方便等特点，现得到广泛的应用。

季铵盐类消毒剂不能与肥皂或其他阴离子洗涤剂同用，也不能与碘或过氧化物（如高锰酸钾、过氧化氢、磺胺粉等）同用。

使用方法：

（1）物体表面消毒：无明显污染物时，使用浓度 1 000 mg/L；有明显污染物时，使用浓度 2 000 mg/L。

（2）卫生手消毒：清洁时使用浓度 1 000 mg/L，污染时使用浓度

2 000 mg/L。

11. 重金属类消毒剂

重金属类消毒剂一般是指负载或者吸附抗菌重金属离子的载体或者复合体，重金属主要包括：铁、锰、锌、铅、锡、汞、铜、镉等金属离子及其氧化物。金属离子能够与微生物细胞中的巯基、氨基、羧基等多种生命基团发生化学反应，改变微生物细胞的蛋白质结构和性质，抑制微生物代谢，使微生物发生窒息，导致微生物死亡。在生活中重金属盐类也可作为消毒杀菌的药物来使用。

银离子是一种非抗生素类杀菌剂，活性银离子抗菌液是具有高活性的银离子制剂，能显著抑制和杀灭鼻腔、口腔内的革兰氏阳性菌、革兰氏阴性菌、真菌、鼻病毒及引发疱疹的病毒等常见致病微生物，促进伤口愈合的同时缓解充血、疼痛、异味等症状，预防或消除炎症及因各种介入性检查治疗、术前术后引发的感染，加速病变部位恢复。如银尔通活性银离子抗菌液Ⅲ型为无色、无刺激、不挥发透明液体，主要由活性银离子抗菌液和给药器组成。该产品适用于治疗急性鼻炎、鼻窦炎、急性咽炎、口腔溃疡。

高锰酸钾消毒剂，化学品名称是高锰酸钾($KMnO_4$)，俗名是灰锰氧、PP粉。高锰酸钾溶液是紫红色的，该品用作消毒剂、除臭剂、水质净化剂。高锰酸钾为强氧化剂，遇有机物即放出新生态氧，而且有杀灭细菌作用，杀菌力极强，但极易为有机物所减弱，故作用表浅而不持久。可除臭消毒，用于杀菌、消毒，且有收敛作用。0.1% 溶液用于清洗溃疡及脓肿，0.025% 溶液用于漱口或坐浴，0.01% 溶液用于水果等消毒，浸泡 5 min。

金属类消毒剂存在变色问题及生物毒性等问题。重金属离子消毒剂在使用时应注意以下几项：

（1）控制使用量，避免不当使用导致人体金属离子摄入过量。

（2）避免与衣物接触，避免产生不易清洗的污渍。

（3）避免与还原性物质接触，避免发生氧化还原反应降低消毒效果。

（4）对相关离子过敏者禁用。

（5）使用者应在医生指导下使用。

12. 消毒剂的使用原则及注意事项

使用消毒剂时，一定要选用已备案、有批文或有政策允许的消毒剂。

在消毒过程中，提倡科学消毒、精准消毒、定量消毒。值得注意的是，不能随意更改消毒液的使用浓度。因为不同病原体对消毒液的抵抗能力不同，如果擅自减少消毒液浓度，会降低消毒液对这种病毒的杀灭效果。过度消毒会造成环境污染。

在选择消毒方法时要灵活，不能教条。手头有什么消毒剂，就用什么消毒剂（专用型消毒剂除外），按产品说明书的使用范围和使用方法使用。消毒时，只需针对室内空气、环境表面和物品来操作。

化学消毒剂用于室内空气消毒时，室内必须无人。紫外线不能照射到人，室内有人时不能开紫外线消毒灯。酒精重点用于手部卫生。小面积可进行酒精消毒。不得使用酒精喷雾大面积进行消毒，不能用于空气喷雾消毒。

12.1 化学消毒剂的使用原则

（1）坚持必须、合理、少用的原则。

（2）能用物理方法的不用化学方法。

（3）效果不肯定的消毒剂不用。

（4）作用相同的消毒剂应以性价比作为选择依据。

（5）了解消毒剂的性质，现用现配，切忌中途添加。

12.2 影响化学消毒剂消毒效果的因素

（1）消毒剂的浓度与作用时间。

（2）环境温度与相对湿度。

（3）酸碱性。

（4）有机物。

（5）表面活性剂和金属离子。

（6）微生物的数量。

12.3 影响化学消毒剂消毒效果的常见问题

（1）过分依赖：认为化学消毒剂保险系数大，用总比不用好。

（2）选择不当：低、中、高效不分，抑菌灭菌不分，有无腐蚀性不知。

（3）浓度不准：配制方法不对，保存不当。

（4）时间不足：达不到杀灭目标微生物的作用。

12.4 使用化学消毒剂的注意事项

（1）掌握有效浓度、方法及时间。

（2）物品先去污染再浸泡消毒。

（3）容器要加盖，密封严密，以免影响有效浓度。

（4）物品应全部浸泡在消毒液内，轴节处要打开。

（5）被浸泡的器械消毒或灭菌后，使用前要用无菌水冲洗，以免刺激人体组织或造成毒性反应。

第二节　生活中的易燃、易爆物品安全指引

家中的易燃、易爆物品除了大家所熟知的天然气、液化石油气、汽油、油漆、酒精、香蕉水、打火机油等物品外，还有一些物品，如花露水、香水、指甲油、啫喱膏、止汗液、驱蚊水、杀虫剂、空气清新剂、干冰等化学品存在安全隐患，使用或存储不当会引发财产或人身危害。

1. 花露水

花露水是用花露油作为主体香料，配以酒精制成的一种香水类产品。花露水的主要原料有酒精、香精、蒸馏水，并辅以少量螯合剂（柠檬酸钠）、抗氧剂（二叔丁基对甲酚）和耐晒的醇溶性色素等。香精用量一般为 2%~5%，酒精浓度为 70%~75%。花露水颜色以浅色为主，有淡绿、黄、绿、湖蓝等颜色。其主要成分为：橙花油、玫瑰香叶油、柠檬油、苯甲酸、香柠檬油、酒精。有些市售花露水含有薄荷醇、冰片，使之更为清凉。由于花露水的组成成分中含有一些清热解毒、消肿止痛的中药，因此花露水除了能祛痱止痒、提神醒脑、防蚊虫叮咬，还具有一定的除菌、杀菌作用。

花露水安全使用注意事项：

（1）购买花露水要选择正规厂家生产的、功效与自身需求相匹配的产品。与很多日化产品一样，不管是驱蚊花露水还是其他功效的花露水，都需要按照产品的注意事项或遵医嘱正确使用。对酒精、香精过敏的人，尽量不要使用花露水，避免引起过敏反应。

（2）注意避火、远离高温。花露水的主要成分是酒精，具有易燃性，酒精含量一般在 70% 以上，在密闭的空间里酒精挥发，在空气中达到一定浓度时就会发生燃烧。因此，涂抹

花露水后不要立即使用明火或靠近火源，比如点蚊香、点烟、使用有明火的灶具等。夏日高温，不要在车内放入花露水，也不要在热的电子蚊香旁喷洒花露水，更不要把花露水放在阳光暴晒的地方，容易引发爆炸。有实验显示，当火源靠近花露水 3 cm 时便可将其点燃，而且呈现喷射状态。曾有用户由于不严格按照产品说明中严格避火的要求，使用花露水后接触明火，导致烧伤的事件。除了花露水外，像香水、指甲油、空气清新剂、杀虫剂、爽肤水、发胶之类的日用品都有起火的危险，在使用时也要注意避开明火。

（3）存放应妥当。花露水的燃点很低，储存也应该尽量放置于阴凉处，切勿暴晒，温度不宜高于 35 ℃。儿童使用花露水一定要先稀释4~5 倍。不要让儿童单独使用和玩耍花露水，要放置在儿童接触不到的地方。

（4）切忌过量使用。为了避免蚊虫叮咬，很多人经常倒很多花露水涂抹在全身各个部位。但这样做，有的人会出现身体发痒、冒冷汗的症状，所以涂抹花露水要适量，避免身体出现不良反应。

2. 空气清新剂

空气清新剂也可以称为"环境香水"。空气清新剂有各种香型，如单花香型（茉莉花、玫瑰花、桂花、铃兰花、栀子花、百合花等）、复合香型等。但基本上都是由乙醇、香精、去离子水等成分组成，通过散发香味来掩盖异味，减轻人们对异味不舒服的感觉的一种气雾或喷雾。

空气清新剂罐装产品中又加入了丙烷、丁烷、二甲醚、氮气等化学成分，使用这种空气清新剂只能通过喷发弥散的香气来暂时掩盖异味，却不能真正改善空气的质量，因为它的成分不能分解有害气体，难以真正的清新空气。靠新鲜而又清爽的自然空气来净化环境，是清新空气的第一选择；另一选择是成分从天然植物中提取的新型空气清新剂。

空气清新剂的安全使用注意事项：

（1）室内有婴幼儿、哮喘病人、过敏体质者及过敏性疾病的人时应当慎用。

（2）喷洒或点燃空气清新剂时，最好暂时撤离现场，待大部分气溶胶或颗粒物质沉降后再进入，进入前最好打开门窗通风换气。

（3）厕所和浴室的除臭应选用气体空气清新剂。

（4）不能过分依赖空气清新剂，应从根本上找出恶臭的原因并彻底清除，使居室空气真正清新。

（5）空气清新剂的罐体内通常含有丁烷、丙烷和压缩的氮气。由于许多气雾剂和喷雾剂原液含有可燃性物质，因此，无论在生产、运输和使用过程中，都可能发生爆炸。在阳光或其他高温环境的作用下，罐体内压力就会上升，达到一定的程度时，就可能会爆炸。

3. 气雾杀虫剂

气雾杀虫剂是指杀虫剂的原液和抛射剂一同装封在带有阀门的耐压罐中，使用时以雾状形式喷射出的杀虫制剂。气雾杀虫剂的有效成分有氨基甲酸酯及有机磷等，但卫生用气雾剂大多数以拟除虫菊酯为主。

气雾杀虫剂分为油基气雾剂和水基气雾剂等。对油基气雾剂而言，可使用任何类型的杀虫剂；而水基气雾剂只能使用拟除虫菊酯，因为拟除虫菊酯在水介质中稳定。油基气雾剂可使用任何类型的抛射剂，而水基气雾剂大都使用碳氢化合物类。对于溶剂，油基气雾剂只能使用有机溶剂和二氯甲烷等，水基气雾剂则有机溶剂和水都可使用，但在用水作溶剂时乳化剂是必不可少的。对水基气雾剂，由于存在水，还需要抗腐蚀剂，另外还需用树脂内衬的马口铁皮罐做容器。

市场上出售的气雾杀虫剂大多由除虫菊酯类、增效剂及香料配制而成。除虫菊酯类对昆虫有触杀和胃杀作用，对哺乳动物也有轻微神经毒作用。另外，液罐内的推动剂，都是类似液化气、汽油、煤油的物质，也极易燃烧爆炸。所以，气雾杀虫剂遇到明火、静电火花、摩擦生热等都可能起火。此外，喷雾杀虫剂瓶内有压力，外力撞击或者摩擦起热也可能引发爆炸。

杀虫剂的质量会直接影响到人的身体健康，选购和使用不当，都有可能给身体带来危害，所以在购买家用气雾杀虫剂产品时要尽量选择知名品牌，并且要正确、科学、合理地使用杀虫剂。喷洒过量对人体也会有一定的毒性，所以在家中使用杀虫气雾剂时一定要注意安全，防止中毒。

气雾杀虫剂的安全使用注意事项：

（1）对苍蝇、蚊子这样的飞虫要在空中喷洒，角度在 45° 左右。

（2）除了要正确操作之外，人最好在喷完气雾剂后离开房间，关闭门窗半小时到一小时，然后再进入房间开窗通风。

（3）家中有婴幼儿的，不要让他们接触任何杀虫剂，以免损伤机体。

（4）在厨房使用杀虫剂时要加倍小心，喷洒之前要收藏好食品和餐具。

（5）如果不慎将药液喷到皮肤上，要及时清洗。

（6）气雾杀虫剂是易燃、易爆的承压产品，而且罐内具有一定的压力，如果保存不当会发生危险。不要放在高温暴晒的地方，要尽量放在阴凉通风的场所，不要挤压碰撞，以免发生意外。

第三节　生活中燃气、燃油使用安全指引

燃气是气体燃料的总称，它能燃烧放出热量，供居民和工业企业使用。燃气的种类很多，主要有天然气、液化石油气、人工燃气、沼气、煤制气。

在很多人的印象中，燃气就是灶台上的那一束火，我们可以用它作为熬粥、煮饭、炒菜、煲汤的燃料。燃气在给生活带来便利的同时，也因易燃、易爆、易中毒的特性，带来一定的安全风险。因此，了解一些燃气常见的危险特性和防范措施以及使用注意事项，有助于减少事故的发生，最大限度地减少事故造成的伤害，降低损失。

1. 液化石油气安全使用常识

液化石油气作为生活能源的一种，已广泛进入寻常百姓家。由于它的洁净卫生、引燃简单而普遍受到欢迎。早些年，一些家庭在使用

液化石油气时常有中毒或爆炸的事件发生，为了保证使用瓶装液化石油气的安全，在使用液化气时，务必熟知以下常识，正确使用与维护，确保安全。

液化石油气主要是由碳氢化合物所组成的，其主要成分为丙烷、丁烷以及其他的烷烃等。当然，液化石油气的成分组成也是有标准的，并不是该成分组成的所有物质都可以称为液化石油气，只有气体组成成分中丙烷加丁烷百分比超过百分之六十才可以被称为液化石油气。

液化石油气是一种易燃物质，空气中含量达到一定浓度范围时，遇明火即爆炸。气态的液化石油气比空气重约 1.5 倍，该气体的空气混合物爆炸范围是 1.5%~9.5%，遇明火即发生爆炸。所以使用时一定要防止泄漏，不可麻痹大意，以免造成危害。液化石油气本身并无毒性，但有麻醉及窒息性，使生物反应能力降低。使用不当时，如果不完全燃烧，会产生大量一氧化碳，一氧化碳易与血液中的血红素结合，造成缺氧状态（一氧

化碳中毒，导致死亡）。1 m³液化石油气完全燃烧大约需要 30 m³空气。所以燃器具使用的场所必须保持空气流通。

1.1 液化石油气危险特性及防范措施

（1）液化石油气的易爆特性。液化石油气第一个特点也是最大的特点是液化石油气的易爆性。一般当发生液化石油气安全事故的时候都会出现爆炸的情况，而且在燃烧之前爆炸。主要的原因是液化石油气的热值比较高，单单从热值来进行比较，液化石油气要比普通的煤气的热值高出好几倍，所以当液化石油气出现安全事故时会出现爆炸的情况。在爆炸之后会出现燃烧现象，液化石油气的燃烧也与爆炸的威力相似，破坏性大。

（2）液化石油气的易燃特性。液化石油气具有石油的主要成分，这些成分包括丙烷、丁烷、丙烯、丁烯等，这些成分都是典型的烃类化合物，也具备烃类化合物最大的特点，就是易燃性。而且液化石油气成分中包含的这些烃类化合物的闪点和自燃点都是非常低的，很容易引起燃烧。

（3）液化石油气的毒性。液化石油气是一种有毒性的气体，但是这种毒性的挥发是有一定条件的。只有当液化石油气在空气中的浓度超过了 10% 时才会挥发出让人体出现反应的毒性。当人体接触到这样的毒性之后就会出现呕吐、恶心甚至昏迷的情况，给人体带来极大的危害。

（4）液化石油气的易流性。液化石油气是非常容易流淌的，一旦出现泄漏的情况，液化石油气就会从储存器里流淌出来。而且一般情况下 1 L 的液化石油气在流淌出来后就会产生 350 L 左右的气体，这些气体在遇到电的时候就会产生燃烧的现象，造成严重的火灾。

1.2 液化石油气的安全使用注意事项

（1）盛装液化气的钢瓶严禁过量灌装，否则，当温度升高时可能引起爆炸。通常使用的钢瓶灌装量有 50 kg、15 kg、10 kg 等规格，按照国家有关规定，其灌气量偏差应分别控制在 49 kg ± 1.0 kg、14.5 kg ± 0.5 kg、9.5 kg ± 0.3 kg 之内，否则，均属违法灌装。用户发现过量灌装钢瓶应拒绝使用。

（2）不准将装有液化石油气的钢瓶置于阳光下长时间暴晒；不准用火烤、热水烫钢瓶；不准自行拆卸钢瓶角阀和减压阀零部件；不准自行倒罐、倒残液；不准摔打、碰撞钢瓶。灌气后的钢瓶不得暴晒、

雨淋、水浸、碰撞，不得靠近热源、卧放钢瓶及用明火检查钢瓶或炉具的密封性能，应采用肥皂水或洗洁精检查其密封性。

（3）钢瓶内的残液不得向河流、地沟或下水道排放，不得倒入厕所，不得在室内任意排放，应由气站处理。换气时严禁钢瓶与钢瓶互灌。

（4）瓶装液化石油气附件要求：不得随意拆卸减压阀。一定要用耐油胶管输气，一般家庭用户使用的耐油胶管，长度不宜超过 2 m。胶管使用寿命为 3 年，一般来说，胶管用了 3~5 年后就要更换。定期检查钢瓶与炉具的连接胶管是否完好，以防止胶管老化开裂，产生泄漏。

（5）严禁灌装和使用过期未检钢瓶。按国家的有关规定，钢瓶每 4 年须检测一次。若发现钢瓶有严重腐蚀、减薄、阻陷、裂纹等，应缩短检测周期。每个钢瓶在瓶体或护罩上都应注明制造日期。经检测的钢瓶，在瓶阀挂有一环形铁牌，注明下次应检测的日期，应留意。

（6）当发现室内有液化气泄漏时，应首先关闭阀门，打开窗户，使液化气通过自然通风扩散，严禁火种。当瓶装液化气在使用过程中出现漏气燃烧时，应立即关闭角阀，用湿布灭火，随后要及时将钢瓶送钢瓶检测站维修。

（7）选择合格的液化石油气供应商，不购买非法商贩出售的瓶装液化石油气。

（8）使用合格的钢瓶并定期检测。普通家庭使用的 15 kg 钢瓶使用期限为 15 年，自生产之日起至少要每 4 年检测一次，50 kg 钢瓶每 3 年检测一次。

（9）经常进行漏气检查。瓶装供气系统的角阀、减压阀、橡胶管、燃气用具等连接处易漏气，检查应先关闭燃气具开关，再打开角阀，用肥皂水在易漏部位涂抹，连续起泡处即为漏气点，严禁明火试漏。

（10）气瓶要直立使用，严禁倒立或卧倒使用，因为气瓶上面装的调压器是对液化石油气的气体起作用的，如果气瓶倒立或卧倒放，那么就会流出液体，液体变为气体呈 250~300 倍扩散，与空气混合后就会造成大面积的燃烧，甚至发生爆炸，所以是非常危险的。

（11）不准用开水浇和火烤钢瓶去强行汽化。

（12）使用时气瓶与灶具要平行放置，瓶与灶的最外侧之间距离不得小于 80 cm。不允许灶台下放置钢瓶，以防漏气时造成事故。

2. 天然气安全使用常识

天然气是存在于地下岩石储集层中以烃为主体的混合气体的统称。

天然气主要成分为烷烃，主要由甲烷（85%）和少量乙烷（9%）、丙烷（3%）、氮（2%）、丁烷（1%）组成。此外一般有硫化氢、二氧化碳、水汽及微量的稀有气体，如氦和氩等。天然气比空气轻，不溶于水，具有无色、无味、无毒的特性。爆炸极限（$V\%$）为 5%~15%。

天然气是较为安全的燃气之一，它不含一氧化碳，一旦泄漏，立即会向上扩散，不易积聚形成爆炸性气体，安全性较其他燃体而言相对较高。天然气在送到最终用户之前，为助于泄漏检测，还要用硫醇、四氢噻吩等来给天然气添加气味。

2.1 天然气毒性危害及防范措施

天然气主要经呼吸道进入人体，在空气中含量达到一定程度后会使人窒息。天然气不像一氧化碳那样具有毒性，它本质上是对人体无害的，但不能用于人类呼吸。浓度高时因置换空气而引起缺氧，导致呼吸短促，知觉丧失；严重者可因血氧过低窒息死亡。作为燃料，天然气也会因发生爆炸而造成伤亡。高压天然气可致冻伤。不完全燃烧可产生一氧化碳。

生活中的危险化学品

虽然天然气比空气轻而容易发散，但是当天然气在房屋或帐篷等封闭环境里聚集的情况下，达到一定的比例时，就会触发威力巨大的爆炸。爆炸可能会夷平整座房屋，甚至殃及邻近的建筑。甲烷在空气中的爆炸极限下限为5%，上限为15%。

天然气车辆发动机中要利用压缩天然气的爆炸，由于气体挥发的性质，在自发的条件下基本是不具备的，所以需要使用外力将天然气浓度维持在5%~15%才会触发爆炸。

2.2 天然气的安全使用注意事项

（1）建议安装燃气泄漏报警器，因为天然气是无色无味的，不像煤气，天然气一旦发生泄漏，我们很难察觉。必须借助警报器监测家里的天然气是否泄漏，避免灾难的发生。

（2）不要把天然气设备放置在卧室中，安装燃气设备的房间保持通风。另外，燃气管线不能走暗线，不利于维修。天然气使用完毕后，不仅要关闭灶台或供热开关，还要将天然气的总阀门关闭，以免燃气泄漏。

（3）门窗通风要良好。由于通风良好，一旦室内有天然气和一氧化碳等有害气体，就能及时排出室外，从而消除爆炸中毒的危险因素。

（4）常检查、勤维护。经常检查天然气管道、表、灶、热水器连接软管等是否固定牢，有无漏气点。如发现问题及时通知修理，不能勉强使用。

（5）天然气灶、表周围禁止堆放易燃物。厨房天然气灶、表周围不要堆放废纸、塑料品、干柴、汽油、竹篮等易燃物品，以防火星引燃易燃物品，发生火灾事故。

（6）连接软管不得超过 2 m。软管材质必须达到国家规定标准，这样可以减少发生事故的因素。

（7）禁止乱动天然气设备。使用天然气禁止随意改动、迁移天然气设备，禁止擅自接铁管、胶皮管或增加设备，以免漏气，发生事故。

（8）人走火灭。使用天然气时，必须要有人照看，防止汤水沸溢将火焰熄灭或小火时风吹灭火焰，造成天然气继续空跑。如果跑出的天然气和空气混合形成爆炸气体遇有火种就会发生火灾或爆炸事故。

（9）教育小孩不要玩弄天然气灶具，以免忘记关闭开关或扭坏开关造成漏气，导致危险事故发生。

（10）不要用天然气灶烤衣物。严禁空烧天然气烤衣物、床单或小孩尿布等以免烧坏衣物发生火灾事故。

（11）禁止用天然气灶烧封闭取暖壶。冬季取暖的封闭壶，不要放在天然气灶上烧水，因为封闭的壶受热后，产生的蒸气要膨胀，引起爆炸。

（12）装有天然气设备的房间不要睡人，以防漏气后睡觉的人无感觉，发生天然气中毒，甚至死亡。

（13）警惕管道漏气。由于年久失修和其他施工对天然气管道设施造成的破坏等原因，漏出的天然气串入室内使人中毒，发生火灾或爆炸。如发现漏气，立即打电话报告燃气公司来人检查维修，以免发生事故。

（14）发现漏气，先关开关后修理。一旦发现漏气，切记不要惊慌，千万要先关闭开关，打开窗门，马上报告燃气公司来人修理。

（15）停气、送气和灶具熄灭时，千万注意关闭开关，防止跑气，避免事故发生。

（16）禁止在天然气管道上挂置重物。因为重物可能使管道变形，使其接头处受拉力，从而导致填料松动，造成漏气。禁止把电器的地线或天线搭在天然气管道上。因为电器的地线或天线都有可能产生火花，而天然气管道内是易燃、易爆气体，二者搭在一起，极易发生着火爆炸等事故。

（17）用户怎样检查天然气漏气。用户若发现有天然气臭味，则可先用肥皂水刷天然气管道接头或设备零件，如有漏气就会吹出肥皂泡。千万不要用明火检查漏气，以免发生事故。

3.汽油使用安全常识

汽油是五碳至十二碳烃类（碳氢化合物）混合物，在常温下为无色至淡黄色的易流动液体，很难溶于水，易燃，馏程为30~205 ℃，空气中含量为74~123 g/m³ 时遇火爆炸。汽油热值约为 44 000 kJ/kg，密度为 0.70~0.78 g/cm³。

汽油由原油分馏及重质馏分裂化制得。原油加工过程中，蒸馏、催化裂化、热裂化、加氢裂化、催化重整、烷基化等单元都产出汽油组分，但辛烷值不同，如直馏汽油辛烷值低，不能单独作为发动机燃料；此外，杂质硫含量也不同，因此硫含量高的汽油组分还需加以脱硫精制。之后，将上述汽油组分加以调和，必要时需加入高辛烷值组分，最终得到符合国家标准的汽油产品。

汽油是用量最大的轻质石油产品之一，是引擎的一种重要燃料。根据制造过程，汽油组分可分为直馏汽油、热裂化汽油（焦化汽油）、催化裂化汽油、催化重整汽油、叠合汽油、加氢裂化汽油、烷基化汽油和合成汽油等。

汽油产品根据用途可分为航空汽油、车用汽油、溶剂汽油三大类。前两者主要用作汽油机的燃料，广泛用于汽车、摩托车、快艇、直升机、农林业用飞机等；溶剂汽油则用于合成橡胶、油漆、油脂、香料等生产。汽油组分还可以溶解油污等水无法溶解的物质，起到清洁油污的作用；汽油组分作为有机溶液，还可以作为萃取剂使用。

汽油在使用时的安全注意事项：

（1）防火、防爆。汽油属易燃品类，它的燃烧温度范围很宽。因此，在接触和使用汽油时，必须严格遵守下述的安全规定。

①油罐及贮油容器倒装汽油时，附近要严禁烟火。一切火种不得带入倒装现场（如油库、油站及车库等），倒装现场要用防爆灯具和防爆开关，切勿使用明火照明。

②不要用铁器工具敲击汽油桶，特别是敲击装过汽油的空桶更危险。因为桶内充满汽油与空气的混合气，而且经常处于爆炸极限之内，

一遇明火，就可能引起爆炸。所以，严禁在汽油库内使用铁器工具，并要防止大桶互相撞击，还要避免在油库、车库、修理车间等场所穿带铁钉的鞋工作，以免铁器相撞击，发出火花，引起火灾。

③当进行灌装汽油时，邻近的汽车、拖拉机等的排气管要带有防火罩，油库、油站等存油地区附近严禁检修车辆。

④沾有油料的抹布、棉纱、手套等不要随便丢弃在车库、车间或油库内，以免自燃。因为这些沾有油料的棉纱头等，在一定的温度下会发生氧化。而氧化时会放出热量，使其温度升高，进而氧化速度更快。这样不断地发生连锁反应，就会使其温度升高到其自燃温度，引起着火。

⑤注意使仓库、油库、车间等操作场所通风良好。油蒸气容易逸散到大气中去，良好的通风可以防止其聚积。

（2）注意静电。汽油在输转或使用过程中，油料分子之间和油料与其他物质之间的摩擦会产生静电，其电压随着摩擦的加剧而增高。当电压增高到一定的程度

时，就会产生火花放电，如遇可燃物混合气就会被点燃，发生失火事故。为防止静电起火，应注意以下几点。

①加注汽油时，油管出口处禁止绑扎过滤绸布套或其他过滤介质。

②加注汽油时，尽可能采用暗流输油，严禁悬空灌注燃料，即油管出口要插入油箱油面以下或尽量插入到油箱深处。

③加注汽油时，流速不宜过大，尤其是开始加注时要减低流速。

④尽可能减少汽油搅动，油罐车往返途中行车应平稳，车速不宜过快，且必须有接地铁链。禁止向刚停下和刚注完油的罐车

取样或用泊尺测量油料。

⑤对于需要加油的汽车，进入加油库或油站后，不宜马上打开油箱盖立刻加油，应稍等几分钟再操作。

⑥气温炎热干燥时，应向加油场地洒水，以降温和增加湿度；不要用塑料桶来存放汽油。

（3）预防中毒。汽油对人体有一定的危害，尤其是含铅汽油，其危害较大。含铅汽油如与皮肤或呼吸道接触后，当时并没有疼痛或难受的感觉。但经过一定时间的积聚，就会发生慢性中毒现象。早期症状是失眠、食欲不振和精神不安等，逐渐发展到体重减轻，严重时会引起精神失常。无铅汽油挥发性较好，蒸气中含有一定的芳香味。

汽油尽管有一定的毒性，但它对人体的毒害是随着外界的条件变化而变化的。只要采取一定的预防措施，是完全可以避免中毒事故发生的。所以，在做与汽油相关的工作时，应注意做到以下几点。

①尽量避免石油蒸气（特别是含铅汽油）和呼吸道直接接触，避免大量汽油蒸气直接吸入人体。

②加强工作地点的通风。

③养成良好的卫生习惯，在工作中接触汽油后，要用热水和肥皂洗手洗脸。未洗前不进食、不抽烟、不饮水。

④禁止用嘴吮吸汽油，特别是含铅汽油。

⑤含铅汽油溅入眼内，应立即用淡食盐水或清水洗涤。

⑥在洗刷油罐、油罐车时，必须遵守操作规程：作业前要通风，进罐作业人员要戴防毒面具，并系上安全带，罐外有专人看守，随时联系，轮换作业。

⑦如在操作中不慎发生中毒晕倒，必须将中毒者快速抬到空气新鲜的地方，进行人工呼吸，同时立即送医院抢救。

第四节　生活中"潜伏"的化学溶剂安全指引

溶剂是一种可以溶化固体、液体或气体溶质的液体（气体或固体），溶剂和溶质继而成为溶液。在日常生活中最普遍的溶剂是水。溶剂通常是透明、无色液体，有比较低的沸点，容易挥发，大多都有独特的气味。生活中常见的含有溶剂的产品见表6。

表6　含有溶剂的产品

大部分是溶剂的产品	部分是溶剂的产品
汽油	胶水
柴油	黏合剂
点炭油	油性涂料
灯油	家具上光剂
油脂	地板上光剂、上光蜡
润滑油	祛痘剂
去油剂	金属、木材清洗剂
除漆剂	修正液
涂料稀释剂	电脑磁盘清洗剂
松节油	清漆、虫胶
洗甲水	木材、混凝土着色剂
外用酒精	

我们此处探讨的溶剂是有机溶剂。所谓有机溶剂即是包含碳原子的有机化合物。溶剂涵盖的化合物非常广泛，我们在加油站加油、黏合物体、饮酒或在手术前接受麻醉时，都接触到了溶剂。有机溶剂主要有涂料稀释剂（例如甲苯、松节油）、洗甲水或去除胶水（如丙酮、醋酸甲酯、醋酸乙酯）、除锈剂（如己烷）、洗洁精（柠檬精）、香水（酒精）等。生活用品中含溶剂的物品有涂料、涂料清除剂、清漆、黏合剂、胶水、去油去污剂、染料、记号笔、打印机油墨、皮鞋或地板上光剂、

蜡、杀虫剂、药物、化妆品、燃料等。

1. 有机溶剂的种类

有机溶剂的种类较多，包括多类物质，如链烷烃、烯烃、醇、醛、胺、酯、醚、酮、芳香烃、氢化烃、萜烯烃、卤代烃、杂环化合物、含氮化合物及含硫化合物等，多数对人体有一定毒性。

1.1 烃类溶剂

只含有碳、氢两种元素的有机化合物叫烃。根据结构将烃类分为脂肪烃和芳香烃。脂肪烃包括脂肪链烃和脂环烃。开链结构的脂肪烃根据结构的饱和程度分为饱和链烃（烷烃）和不饱和链烃（烯烃和炔烃）。芳香烃是含有苯环特殊结构的烃类。根据具体结构分为单环芳烃、多环芳烃和稠环芳烃。

烃类溶剂根据来源分为两类：由石油分馏得到的烃类混合物溶剂叫石油溶剂油，简称溶剂油；由化工原料合成或精制得到的成分单一烃类溶剂是烃的纯溶剂。纯溶剂价格较高，通常只用于一些特殊用途中。

溶剂油：石油是由多种烃类组成的混合物，经过分馏处理得到不同沸点范围的产品。通常把石油产品分为石油醚、汽油、煤油、柴油、润滑油、石蜡和沥青。

烃类纯溶剂：从化工原料合成得到的烃类纯溶剂主要有己烷、苯、甲苯、二甲苯等。

1.2 醇类溶剂

分子中脂肪烃基与羟基直接相连的有机化合物属于醇类。根据分子中含有的羟基数目分为一元醇及多元醇。结构中含有苯或苯的同系物，而羟基又不直接与苯环相连的是芳香醇。在清洗中使用的醇类有机溶剂主要有以下三类：

（1）水溶性一元醇溶剂。水溶性一元醇溶剂是在清洗中使用最多的醇类溶剂，如甲醇、乙醇、异丙醇等水溶性一元醇溶剂是可燃的强亲水性溶剂，它可以与水以任意比例互相混溶。它可以是无水的或含水的溶剂。它们的高浓度水溶液对油性物质溶解力大，因此，被用来清除电子印刷线路板上的松香焊剂。它们的另一个特点是对表面活性剂的溶解力强，所以常被用来去除表面活性剂在洗涤物表面上形成的残留吸附膜，这也是乙醇等醇类溶剂的一种特殊用途。由于水溶性一元醇类溶剂与水的结合力强，当需要把水从被它润湿的表面置换下来时，应用得最多的是乙醇和异丙醇。但是醇和水会形成恒沸混合物，所以想用通常的蒸馏方法从含水的乙醇溶液中回收得到无水无醇是不行的。另外这类醇的高浓度水溶液都有很强的杀菌消毒能力。在使用较多的三种一元醇中，由于甲醇对油性污垢溶解能力较差，又有很强的毒性，误饮甲醇可导致眼睛失明，饮量过多会致人死命，属于剧毒物质，所以甲醇在清洗中使用的范围比较窄。乙醇属于低毒的醇类，又易被生物降解，对环境污染少，是使用最多的一元醇溶剂。异丙醇与甲醇、乙醇相比脱脂能力较强。

（2）低水溶性一元醇溶剂。随着一元醇分子中碳原子数目的增加，它们的沸点上升，水溶性逐渐降低，与此同时它们的亲油性却逐渐增加，对树脂等油性物质的溶解能力逐渐增强。所以低水溶性的一元醇常被用来去除油污垢。用于清洗的这类一元醇溶剂主要有正丁醇、环己醇和苯甲醇。

常用的低水溶性一元醇溶剂的特点如下。

丁醇：作清洗用的丁醇是它的各种同分异构体的混合物，主要成分是正丁醇，它是一种既有一定亲水性，又有一定亲油性的溶剂，在 100 g 水中能溶解 7.9 g 正丁醇，它对油性污垢的亲和力比乙醇大。它既可单独作溶剂使用，又可与亲水性溶剂或亲油性溶剂混合使用于各种不同的清洗场合。

环己醇：环己醇是一种对有极性的有机物溶解范围很广的溶剂，它既有亲水性，又具有亲油性，它的亲油性比丁醇更强。由于它具有一定的与水混合时的乳化与增溶作用，因此也可与水混合使用。

苯甲醇：苯甲醇是一种难溶于水的醇类，它对极性有机化合物的溶解力很强。

（3）多元醇溶剂。多元醇溶剂的溶解能力与一元醇相似，分子中羟基占的比例越大，亲水性越强。多元醇溶剂中最重要的典型代表是乙二醇，它是一种可与水以任何比例混溶的无色带有一点甜味的黏稠液体，是一种优良的溶剂。多元醇中的丙二醇，与乙二醇相比，由于羟基在整个分子中占的比例下降，因此亲油性增强，由于它几乎没有什么毒性，常被用作去除飞机上使用的航空煤油的冲洗剂。由乙二醇衍生的各种醚类，如乙二醇单甲醚、乙二醇单乙醚和乙二醇单正丁醚，都是很好的有机溶剂。其中，乙二醇单乙醚俗称溶纤剂，它们对高分子树脂有很强的溶解能力。因此，除了作一般清洗溶剂之外，常用作涂料剥离剂的主要原料。但由于它们有较强毒性，使用时需特别小心。

1.3 酮类溶剂

清洗中使用的酮类溶剂主要有丙酮和甲乙酮（2-丁酮）。

丙酮分子式为 C_3H_6O，是可溶于水的亲油性溶剂，是一种溶解范围较广的溶剂，对许多有机物都有溶解能力，而且毒性低，因此被广泛用作清洗溶剂。但闪点较低，属易燃溶剂，使用时要特别注意安全。

甲乙酮（2-丁酮）分子式为 C_4H_8O，是一种对油性有机物溶解力大的酮类溶剂。除了可作一般洗涤溶剂之外，主要用作剥离物体表面高分子树脂的溶剂的主要成分，其毒性比丙酮大。

1.4 酯类溶剂

清洗用的酯类溶剂种类很多，常用的有乙酸甲酯、乙酸乙酯、乙酸正丙酯，酯类溶剂的特点是毒性比较低，有芳香气味，不溶于水，多用作油性有机物的溶剂，但作为清洗溶剂缺乏特色。

1.5 酚类溶剂

酚类溶剂包括苯酚和甲苯酚等。它们是熔点较高的微酸性有机物，有较强的毒性，平时主要用作杀菌剂和消毒剂。作为溶剂的甲苯酚是包括三种同分异构体的邻、间、对甲苯酚的混合物。酚类作为溶剂的应用范围较窄，但作为汽车、飞机发动机上的积炭去除溶剂却有着独特的效能。

常用的非极性溶剂：氯仿、苯、液状石蜡、植物油、乙醚等。

常用极性溶剂：水、甲酰胺、甲醇、乙醇、丙醇等。

2. 溶剂对健康的影响

溶剂在空气中特别容易挥发，吸入后容易被肺吸收。大多数溶剂脂溶性高，这使得它们很容易通过皮肤而被吸收。因此除经呼吸道和消化道进入机体内外，尚可经完整的皮肤迅速吸收，有机溶剂被吸收入人体后，将作用于富含脂类物质的神经、血液系统，以及肝肾等实质脏器，同时对皮肤和黏膜也有一定的刺激性。

溶剂对神经系统的损害大致有三种类型：第一种为中毒性神经衰弱和植物神经功能紊乱。可有头晕、头痛、失眠、多梦、嗜睡、无力、记忆力减退、食欲不振、消瘦、多汗、情绪不稳定、心跳加速或减慢、血压波动、皮肤温度下降或双侧肢体温度不对称等表现。第二种为中毒性末梢神经炎，大部分表现为感觉型，其次为混合型，可有肢端麻木、感觉减退、刺痛、四肢无力、肌肉萎缩等表现。第三种为中毒性脑病，比较少见，见于二硫化碳、苯、汽油等有机溶剂的严重急、慢性中毒。

不同有机溶剂其作用的主要靶器官和作用的强弱也不同，这取决于每一种有机溶剂的化学结构、溶解度、接触浓度和时间，以及机体的敏感性。很多溶剂经肺吸收后会迅速而又直接地分布到大脑中，所以急性中毒通常会影响中枢神经系统，从而使人困倦、辨别力下降。绝大多数情况下，这些反应并不严重，停止接触后很快就可以消失。不过在某些情形之下，轻微丧失判断力都会导致灾难。为此，人在处理有害物质泄漏或者火灾时，应当避免接触任何可能造成判断力下降的溶剂，以免增加受伤的风险。长期接触溶剂会对一系列器官系统产生影响。周围神经系统损伤会导致手脚刺痛和感觉丧失、反应时间延长、协调性下降。生殖系统方面的影响包括精子损伤或减少而导致的生育能力下降。不少溶剂还能造成肝肾损害。很多溶剂还能引发癌症，比如苯和四氯化碳。

我们大多数人每天都在接触少量溶剂。溶剂造成的健康影响可以从轻微的不良反应直至危及生命（见表7），这取决于接触溶剂的种类、数量及持续时间。

表 7　溶剂对健康的影响

溶剂的影响实例	
生殖损伤	乙二醇单甲醚 /2- 乙二醇单乙醚 / 氯甲烷
生长发育损伤	酒精（乙醇）
肝肾损伤	甲苯 / 四氯化碳 /1, 1, 2, 2- 四氯乙烷 / 氯仿
神经系统损伤	正乙烷 / 四氯乙烯 / 正丁硫醇
致癌	四氯化碳 / 三氯乙烷 /1, 1, 2, 2- 四氯乙烷 / 四氯乙烯 / 二氯甲烷 / 苯
视觉系统损伤	甲醇

另外，很多溶剂具有可燃性，使用或存放不当均会引发火灾危害。

从健康的角度来看，除了用作麻醉剂外，溶剂并无多少好处。除医疗需要之外，应当尽量避免接触溶剂，尤其应当避免吸入溶剂，因为溶剂会在肺部被快速吸收，并直达神经系统。在工作场所必须接触溶剂时，应保持室内的通风，并使用适当的个人安全防护装备，且应按照国际或是国家的相关规定，规范工作场所中溶剂的接触水平。在生产中尽量采用低毒的溶剂，以便降低受害的风险。

3. 使用溶剂的安全注意事项

（1）使用有机溶剂时，要加强密闭和通风，减少有机溶剂的逸散和蒸发。

（2）采用自动化和机械化操作，以减少操作人员直接接触的机会。

（3）应使用个人防护用品，如防毒口罩或防护手套。

（4）皮肤黏膜受污染时，应及时冲洗干净。

（5）勿用污染的手进食或吸烟，勤洗手、洗澡与更衣。

（6）应定期进行健康检查，及早发现中毒征象时，进行相应的治疗和严密的动态观察。

4. 绿色溶剂

绿色溶剂一般是指溶剂化学性质不稳定，可以为土壤生物或其他物质降解，半衰期短，很容易衰变成低毒、无毒的物质，也称环境友好型溶剂。根据绿色化学的十二原则，绿色溶剂应该具有以下特性：从可再生原料获得，可大规模使用；与传统溶剂相比具有价格优势；采用生态效益工艺可再生利用；利用工业级，避免纯化工艺的能源消耗；可通过高原子经济性和节能工艺制备；用作消耗品时风险最小，在自然界中释放毒性可忽略不计；高生物降解性而不产生有毒代谢物；与常用溶剂相比，具有类似的特性和性能（黏度、极性、密度等）；工艺过程具有热稳定性和电化学稳定性；不易燃；容易储藏和运输。

第四章 生活中食品的化学性危害安全指引

　　民以食为天，食品是人类赖以生存和繁衍的物质基础，也是社会进步和文化发展的物质基础。

　　食以安为先，食品安全关系到广大人民群众的身体健康和生命安全，关系到经济健康发展和社会稳定，关系到政府和国家的形象。食品安全已成为衡量人民生活质量、社会管理水平和国家法制建设的一个重要方面。

　　食品安全与人民生命财产息息相关，化学与食品安全又有千丝万缕的关系。世界上的食物，无论如何美味可口，究其本质都是各种营养素的组合。营养素又称为养分，是指食物中可为人体提供能量、机体构成成分、修复组织和生理调节功能的化学物质。

　　没有绝对安全的食品。食品中含有的化学成分彻底无毒，是绝难实现的；有害与无害，在很大程度上取决于其使用量、使用条件与使用方式。我们通常所指称的安全食品，是指其风险在可接受水平范围之内。

　　种类繁多的化学物质被发现或合成用于食品保存，不仅拓展了可

食用食物的范围，还大大减少了可能由变质食物带来的疾病。更重要的是，由于还可往食物中添加维生素及各种微量元素，大大减少了困扰人类许久的营养缺乏症问题。例如，食品添加剂的使用，大大改善了食品的质量和色香味，对防腐效果产生积极作用。但是，非法使用或者是滥用食品添加剂可能引发多种食品安全问题。同样，化学品（药物）残留、化学反应生成有毒物质等都与食品安全问题密切相关。

第一节　食品的化学危害性安全常识

1. 什么是食品安全

食品安全的概念可以表述为：食品（食物）的种植、养殖、加工、包装、贮藏、运输、销售、消费等活动符合国家强制标准和要求，不存在可能损害或威胁人体健康的有毒、有害物质足以导致消费者病亡或者危及消费者及其后代的隐患。该概念表明，食品安全既包括生产安全，

也包括经营安全；既包括结果安全，也包括过程安全；既包括现实安全，也包括未来安全。

2. 什么是食品质量

食品质量包括所有影响产品对于消费者价值的其他特征，既包括负面的价值，如腐败、污染、变色、发臭，也包括正面的特征，如色、香、味、质地以及加工方法。

3. 什么是食品安全危害

对应俗话"是药三分毒"，可谓"饮食一分害"。这里所谓的"害"是广义的"危害"，有食物中天然存在的危害，如"蕈毒素""河豚毒素""青皮红肉鱼组胺"等各种生物毒素和过敏原；有在食品生产加工中人为带来的危害，尤其是为牟利而有意加入的危害物；也有人为控制不严而无意带来的危害，尤其是微生物危害。

食品安全危害是指潜在损坏或危及食品安全和质量的因子或因素，包括生物、化学以及物理性的危害，对人体健康和生命安全造成危险。一旦食品含有这些危害因素或者受到这些危害因素的污染，就会成为具有潜在危害的食品，尤其指可能发生微生物性危害的食品。食品安

全危害可以发生在食物链的各个环节，其差异较大，按照 HACCP 体系（Hazard Analysis Critical Control Poin，HACCP，表示危害分析的关键控制点）危害分析的通常分类，有以下几种。

3.1 生物危害

生物危害主要指生物（尤其是微生物）本身及其代谢过程、代谢产物（如毒素）、寄生虫及其虫卵和昆虫对食品原料、加工过程和产品的污染。常见的生物性危害包括细菌、病毒、寄生虫以及真菌。

3.2 化学危害

食品中的化学危害，也被称为化学性危害，是指有毒的化学物质污染食物而引起的危害。化学性危害能引起急性中毒或慢性积累性伤害，包括天然存在的化学物质、残留的化学物质、加工过程中人为添加的化学物质、偶然污染的化学物质等。常见的化学性危害有重金属、滥用食品添加剂、自然毒素、农用化学药物、洗消剂、食品中的放射性污染及其他化学性危害。食品中的化学性危害可能对人体造成急性中毒、慢性中毒、过敏、影响身体发育、影响生育、致癌、致畸、致死等后果。

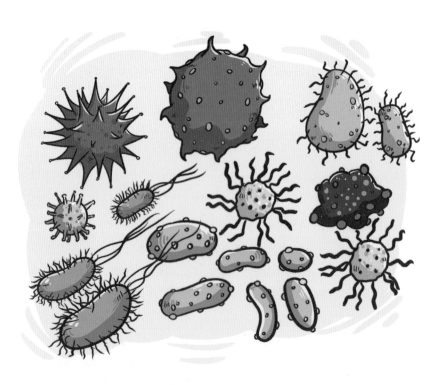

3.3 物理危害

物理性危害是指食用后可能导致物理性伤害的异物。物理危害通常被描述为从外部来的物体或异物。物理性危害往往能看得见。物理性危害包括碎骨头、碎石头、铁屑、木屑、头发、蟑螂等昆虫的残体、碎玻璃以及其他可见的异物。物理性危害不但令食品造成污染，而且也时常损坏消费者的健康。

4. 食品领域的化学性危害分类

化学物质在食品中的使用历史悠久，在现代食品的生产、加工、贮运和食用等过程中都有化学物质相伴，也正是这些化学物质在食品中的广泛使用，才使得食品工业成为朝阳产业。但是食品原料在生产、贮存、运输、加工等过程中自觉或不自觉地会引入一些化学物质。化学物质的使用也给食品的安全性带来了不可忽视的影响。化学危害可能来源于天然存在的化学物质，有意加入的化学物质，无意或偶尔进入的化学物质，会影响人体健康。

另外，在食品加工过程中会产生一些危害物质，如烟熏、烧烤时产生的多环芳烃和腌制时的亚硝酸胺都有很强的致癌性；食品烹饪时，因高温而产生的杂环胺也是毒性极强的致癌物质；食品加工过程中使用的机械管道、锅、白铁管、塑料管、橡胶管、铝制容器以及各种包装材料等，也有可能将有毒物质带入食品中，如聚苯乙烯材料中的单体苯乙烯、聚碳酸酯材料中的单体双酚A、增塑剂或胶黏剂中的邻苯二甲酸酯类等；当采用陶瓷器皿盛放酸性食品时，其表面的釉料中所含的铅、镉和锑等盐能溶解出来；用荧光增白剂处理的包装纸中残留有毒的胺类化合物。

没有绝对安全的食品。食品中含有的化学成分彻底无毒，是绝难实现的；有害与无害，在很大程度上取决于其使用量、使用条件与使用方式。同一种化学物质，由于使用剂量、对象和方法不同，毒性也不同。有些毒物在一定剂量内成为治病的良药，如亚硝酸盐对正常人来说是毒性物质，但对氰化物中毒者则是有效的解毒剂；一般人对硒的每日安全摄入量为 $50 \sim 200 \mu g$，低于 $50 \mu g$，则会导致心肌炎、克山病等疾病，摄入量超过 $200 \mu g$，则可能会导致中毒，每日摄入量超过 1mg 会导致死亡。

人们通常会产生"食品添加剂 = 有毒有害物质 = 危险的造假产品"这样一种印象。究其原因，一是对化学物毒性效应和风险评估概念缺乏基本的了解，二是不切实际地追求所谓的食品"零风险"。

万物皆有"毒"，关键在剂量。即使食物里真的被检出致癌物或毒物，也并不意味着吃该食物就一定会致癌或中毒，不能断然宣称其为致癌食物或有毒食物。众多谣言的共同要害是脱离"量"的概念讲毒性。实际上，即使是无毒食品，过量食用也有害。

实际上，如果真的把所有食品添加剂扫地出门，只怕进入我们视线的食品一多半都会有三难——难看、难吃、难以保存，而且价格高昂，让人难以接受；同时会造成大量的浪费，产生一系列社会问题。

食品领域的化学性危害分类具体如下：

（1）重金属：如汞、镉、铅、砷等，均为对食品安全有危害的金属元素。食品中的重金属主要来源于三个途径：农用化学物质的使用、工业三废的污染；食品加工过程使用不符合卫生要求的机械、管道、容器以及食品添加剂中含有毒金属；作为食品的植物在生长过程中从含高金属的地质中吸取了有毒重金属。

（2）自然毒素：许多食品含有自然毒素，如发芽的马铃薯（土豆）含有大量的龙葵毒素，可引起中毒或致人死亡；鱼胆中含的 $5-\alpha$ 鲤醇，能损害人的肝肾和心脑，造成中毒和死亡；霉变甘蔗中含 3-硝基丙醇，可致人死亡；鲜黄花菜中含有秋水仙

碱，其本身对人体无毒，但是在体内氧化成氧化秋水仙碱后则具有剧毒。自然毒素有的是食物本身就带有的，有的则是细菌或霉菌在食品中繁殖过程中所产生的。

（3）农用化学药物：食品植物在种植生长过程中，使用的农药杀虫剂、除草剂、抗氧化剂、抗生素、促生长素、抗霉剂以及消毒剂等，或畜禽鱼等动物在养殖过程中使用的抗生素、合成抗菌药物等，这些化学药物都可能给食物带来危害。

（4）洗涤剂：洗涤剂是一个常被忽视的食品安全危害。问题产生

的原因有：使用非食品用的洗涤剂，造成对食品及食品用具的污染；不按科学方法使用洗涤剂，造成洗涤剂在食品及用具中的残留。例如，有些餐馆使用洗衣粉清洗餐具、蔬菜或水果，造成洗衣粉中的有毒有害物质，如增白剂等，对食品及餐具的污染。

（5）滥用食品添加剂：包括食品添加剂的超剂量，超范围使用等。

（6）食品包装材料、容器与设备：包括塑料、橡胶、涂料、陶瓷、搪瓷及其他材料带来的危害。

（7）食品中的放射性污染：包括各种放射性同位素污染食品原料等造成的危害。鱼类等水产品对某些放射性核素有很强的富集作用，因此需特别引起重视。

【知识拓展】

化学元素与人体健康

元素周期表中的许多元素，在人体内都发挥着重要作用，或缺或多或少，都会影响人体健康。

钠和氯在人体内以氯化钠的形式出现。它的主要作用是调节细胞内、外的渗透压，使细胞对体液保持透性；另外，它还能增进酶的活化能力。因此人不吃盐，就会四肢无力，食欲减退。

钾元素主要以磷酸盐的形式存在。它能调节血压和使心脏正常工作。人主要靠吃蔬菜调节补充体内钾的含量。

钙元素广泛存在于人体的骨骼、牙齿中，它还参与血液的凝固、心脏的收缩、血压的调节等作用。缺钙会引起神经松弛、骨质疏松等多种疾病，因此，人应多食鱼、肉、蛋、豆类等富含钙的食物，同时还应适量服用维生素 D 和多接受阳光照射，以帮助人体对钙的吸收。

镁是人体内必需的微量元素，它在人体内起重要的催化作用。豆类、蔬菜、鱼蟹等含镁较丰富。

铁元素是构成血红素的主要成分，主要作用是把氧气输送到全身细胞并把二氧化碳排出体外。动物的肝脏、蛋黄、海带、紫菜、菠菜中铁含量较高，多吃这些食品有利于补铁。

锌是人体合成生长激素的原料。儿童缺锌，生长发育就会受到限制，锌广泛存在于豆类、瘦肉、米、面中。

磷是人体的常量元素，广泛分布在人的骨骼、牙齿、血液、脑、三磷酸腺苷中，是人体体能的仓库。当人吃进食物后，经消化吸收，其中的化学能转变成人体组织吸收的三磷酸腺苷，供人体随时使用。磷多存在于鱼、肉、奶、豆等食品中。

碘元素存在于人体的甲状腺及血液中。人体缺碘会造成甲状腺肿大，俗称"大脖子"病。含碘丰富的食品有海带、紫菜等海生动植物。如果每日食用加碘食盐，基本可以满足人体对碘的需求。

除上述提到的这些元素外，人体的蛋白质、脂肪、水分等，大部分是由碳、氢、氧元素形成的有机物，因此可以说，人体是由多种化学元素组成的。

第二节　带有化学危险性的食品添加剂安全常识

食品添加剂是指为改善食品品质和色、香、味以及为满足防腐和加工工艺需要加入食品中的化学合成的或天然的物质。

食品添加剂的种类按其来源可分为天然食品添加剂与化学合成食品添加剂两大类。天然食品添加剂是利用动植物或微生物的代谢产物等为原料，经提取所得的天然物质。化学合成食品添加剂是通过化学手段，使元素或化合物发生氧化、还原、缩合、聚合等化学反应所得到的物质。目前使用的大多数添加剂属于化学合成的食品添加剂。

在食品的加工、包装、运输以及贮藏过程中，为了保持食品的营养成分，增强食品的感官性状，适当使用一些食品添加剂是有必要的。食品添加剂对维护食品安全、延长食品的保质期具有重要作用。目前全世界范围内，因食用致病微生物污染的食品引发疾病是食品安全最重要的问题。许多食品如不采取防腐保鲜措施，出厂后将很快腐败变质，食用后将会造成严重危害。为了保证食品在保质期内保持应有的质量和品质，必须使用防腐剂、抗氧化剂、干燥剂和保鲜剂。

食品工业越发展，人民生活水平越提高，使用食品添加剂的品种和数量越多。一般功能包括防腐剂、甜味剂、着色剂、增稠剂、抗氧化剂、漂白剂、抗结剂、乳化剂、消泡剂、稳定剂、水分保持剂、酸度调节剂、膨松剂、被膜剂、加工助剂、香料及营养强化剂，食品添加剂在使用中应严格地执行国家标准《食品添加剂使用卫生标准》和《食品营养强化剂使用卫生标准》的使用范围和使用量，按国家规定使用食品添加剂，对人体是不会产生危害的。

正确合理使用食品添加剂对人体健康是无害的，但是要求使用量必须控制在最低有效量的水平，否则会给食品带来毒性，影响食品的安全性，危害人体健康。目前在食品加工中，由于一些企业盲目逐利等因素，存在着滥用食品添加剂的现象，如使用量过多、使用不当或使用禁用添加剂等现象。仔细盘点下近年来的中国食品安全事件，就会发现，罪魁祸首是非法添加食品添加剂，而非食品添加剂本身的问题。

可能违法添加的非食用物质是指将严禁在食品中使用的化工原料或药物当成食品添加剂来使用。可能违法添加的非食用物质包括吊白块、苏丹红、王金黄（块黄）、蛋白精（三聚氰胺）、硼酸与硼砂、硫氰酸钠、玫瑰红 B、美术绿、碱性嫩黄、酸性橙、工业用甲醛、工业用火碱、一氧化碳、硫化钠、工业硫黄、工业染料、罂粟壳等 17 种。众所周知的三聚氰胺"毒奶粉"事件、从台湾引发的塑化剂事件都是违法将非法添加物当成食品添加剂使用的典型。辣椒酱及其制品、部分快餐店调料、红心鸭蛋等食品中发现苏丹红；工业用氢氧化钠（火碱）、过氧化氢和甲醛处理水发食品；工业用吊白块用于面粉漂白；"瘦肉精"事件；在馒头制作过程中滥用硫黄熏蒸馒头，致使馒头中维生素 B_2 受到破坏；将荧光增白剂掺入面条、粉丝用于增白；采用农药多菌灵等水溶液浸泡果品防腐；甲醛用于鱼类防腐等都是在食品中违禁使用非法添加物的现象。

人为添加化学物质对食品的安全有重大的影响。国家规定必须使用食品级的食品添加剂，而有些食品生产企业为了降低成本使用工业级的添加剂，如用工业级碳酸氢铵用作食品疏松剂。也存在为掩盖食品质量问题使用食品添加剂的情况，如在不新鲜的卤菜中加防腐剂，在变质有异味的肉制品中加香料、色素等。

易滥用的食品添加剂是指易过量使用而对身体产生影响的食品添加剂。易滥用的食品添加剂包括酸度调节剂、抗氧化剂、漂白剂、膨松剂、着色剂、乳化剂、酶制剂、面粉增白剂、水分保持剂、营养强化剂、防腐剂、甜味剂、增稠剂等21类。2011年4月，中央电视台曝光了上海多家超市销售的玉米面馒头中没有加玉米面，而是用经柠檬黄染色的白面制成的。柠檬黄是一种允许使用的食品添加剂，可以在膨化食品、冰激凌、果汁饮料等食品中使用，但不允许在馒头中使用，这是一个典型的超范围使用食品添加剂的违法事件。再如，粉丝中加入亮蓝、日落黄、柠檬黄和胭脂红等人工合成色素，以不同的比例充当红薯粉条和绿豆粉丝等，都属于超范围使用的食品添加剂。

《食品安全国家标准　食品添加剂使用标准》（GB2760—2011）中严格规定了现有的2 400多种添加剂的使用范围、使用限量和使用原则，而2009年6月1日起实施的《食品安全法》则使80%以上的添加剂有了产品标准。食品中非法添加非食用物质是违法犯罪行为，要依法严厉打击。所以，人们必须严格依法使用食品添加剂，不能滥用食品添加剂。

公众除关注食品中原材料添加剂引起的食品安全同时，还应了解一些与食品添加剂相关的化学知识，消除误解和恐慌。如很多人对防腐剂有异议，很多商家也声称自己的产品不含防腐剂。某品牌香肠，它的包装上一面写着不含防腐剂，另一面的配料表里写着含有亚硝酸盐，其实亚硝酸盐既是防腐剂又是护色剂。如果没有防腐剂，那么食品就可能有致病性微生物存在，食品安全的风险也会增加。

下面主要介绍几种可能违法添加的非食用物质和易滥用的食品添加剂。

1.可能违法添加的非食用物质

1.1 甲醛

甲醛的分子式是HCHO或者CH_2O，无色有刺激性气体，又称蚁醛，对人眼、鼻等有刺激作用。气体相对密度1.067，液体密度0.815 g/cm³（–20 ℃），熔点 –92 ℃，沸点 –19.5 ℃，易溶于水和乙醇。其水溶液的浓度最高可达55%，通常是40%，称作甲醛水，俗称福尔马林。能燃烧，蒸气与空气形成爆炸性混合物，爆炸极限7%~73%（体积 V/%）。

甲醛为国家明文规定的禁止在食品中使用的添加剂，在食品中不得检出，但不少食品中都不同程度检出了甲醛，多存在于水发食品中。由于甲醛可以保持水发食品表面色泽光亮，可以增加韧性和脆感，改善口感，还可以防腐，如果用它来浸泡海产品，可以固定海鲜形态，保持鱼类色泽。因此，甲醛已经被不法商贩广泛用于泡发各种水产品中。市场上已经检出甲醛的水发食品主要有：鸭掌、牛百叶、虾仁、海参、鱼肚、鲳鱼、章鱼、墨鱼、带鱼、鱿鱼头、蹄筋、海蜇、田螺肉、墨鱼仔等，其中虾仁、海参和鱿鱼中的甲醛含量较高。甲醛也被检测到存在于面食、蘑菇或豆制品中。甲醛可以增白，改变色泽，故甲醛常被不法商贩用来熏蒸或直接加入到面食、蘑菇或豆制品中，不法商贩用"吊白块"熏蒸有关食品增白时，也会在食品中残留甲醛。已经检出甲醛的有关食品有：香菇、花菇、米粉、粉丝、腐竹等。

1.1.1 甲醛对人体健康危害

甲醛的主要危害表现为对皮肤黏膜的刺激作用。甲醛在室内达到一定浓度时，人就有不适感。大于 $0.08\ mg/m^3$ 的甲醛浓度可引起眼红、眼痒、咽喉不适或疼痛、声音嘶哑、喷嚏、胸闷、气喘、皮炎等。新装修的房间甲醛含量较高，是众多疾病的主要诱因。

人对甲醛的个体差异较大，眼睛最敏感，嗅觉和呼吸道刺激次之。这些刺激引起的症状主要是流泪、打喷嚏、咳嗽，甚至出现结膜炎、咽喉炎、支气管痉挛等。有关资料表明：室内空气污染比室外高5~10倍，污染物多达500多种。室内空气污染已成为多种疾病的诱因，甲醛就是造成室内空气污染的一个主要方面。甲醛对人体健康危害主要有以下几个方面。

刺激作用：甲醛的主要危害表现为对皮肤黏膜的刺激作用。甲醛是原浆毒物质，能与蛋白质结合。低浓度甲醛有刺激性臭味，甲醛暴露可刺激眼和上呼吸道黏膜并引起各种状况。高浓度吸入时出现呼吸道严重的刺激和水肿、眼刺激、头痛。

致敏作用：皮肤直接接触甲醛可引起过敏性皮炎、色斑、坏死，吸入高浓度甲醛时可诱发支气管哮喘。

致突变作用：高浓度甲醛还是一种基因毒性物质。实验动物在实验室高浓度吸入的情况下，可引起鼻咽肿瘤。人体吸入甲醛除产生眼和呼吸道刺激症状外，长期慢性吸入浓度 0.45 mg/mL 甲醛可导慢性呼吸道疾病增加。

突出表现：食入甲醛可产生消化道黏膜刺激、坏死，出现恶心、呕吐、休克，还可发生肾功能损害，出现排尿困难、无尿或血尿。通常认为口服甲醛的致死量为 3.5~5.25 mg/mL。突出表现为头痛、头晕、乏力、恶心、呕吐、胸闷、眼痛、嗓子痛、胃纳差、心悸、失眠、体重减轻、记忆力减退以及植物神经紊乱等。孕妇长期吸入可能导致胎儿畸形，甚至死亡；男子长期吸入可导致男子精子畸形、死亡等。

1.1.2 甲醛的来源

生活中对人体造成伤害的甲醛，可以说无处不在、无孔不入。涉及的物品包括家具、木地板、快餐面、米粉、水泡鱿鱼、海参、牛百叶，甚至小汽车。

纺织物中的甲醛：甲醛在纤维制品中，主要用于染色助剂以及提高防皱、防缩效果的树脂整理剂。甲醛可以使纺织物的色泽鲜艳亮丽，保持印花、染色的耐久性，又能使棉织物防皱、防缩、阻燃。因此，甲醛被广泛应用于纺织工业中。用甲醛印染助剂比较多的是纯棉纺织品，市售的"纯棉防皱"服装或免烫衬衫，大都使用了含甲醛的助剂，穿着时可能释放出甲醛。童装中的甲醛主要来自保持童装颜色的鲜艳美观的染料和助剂产品，以及服装印花中所使用的黏合剂。因此，浓艳和印花的服装一般甲醛含量偏高，而素色服装和无印花图案童装甲醛含量则较低。这些含有甲醛的服装在贮存、穿着过程中都会释放出甲醛，特别是儿童服装和内衣释放的甲醛所产生的危害性最大。

室内空气中的甲醛：室内空气中甲醛已经成为影响人类身体健康的主要污染物，特别是冬天的空气中甲醛对人体的危害最大。我国家庭空气中的甲醛来源主要有以下几个方面：（1）用作室内装饰的胶合板、细木工板、中密度纤维板和刨花板等人造板材。生产人造板使用的胶黏剂以甲醛为主要成分，板材中残留的和未参与反应的甲醛会逐渐向周围环境释放，是形成室内空气中甲醛的主体。（2）用人造板制造的家具。一些厂家为了追求利润，使用不合格的板材，或者在黏接贴面材料时使用劣质胶水，板材与胶水中的甲醛严重超标。（3）含有甲醛成分并有可能向外界散发的其他各类装饰材料，如贴墙布、贴墙纸、化纤地毯、油漆和涂料等。

室内空气中甲醛浓度的大小与以下四个因素有关：室内温度、室内相对湿度、室内材料的装载度（即每立方米室内空间的甲醛散发材料表面积）、室内空气流通量。在高温、高湿、负压和高负载条件下会加剧甲醛散发的力度。通常情况下甲醛的释放期可达3~15年之久。

其他方面来源：

（1）甲醛可来自化妆品、清洁剂、杀虫剂、消毒剂、印刷油墨、纸张等。

（2）泡沫板条作房屋防热、御寒与绝缘材料时，在光与热的作用下，泡沫老化、变质产生合成物而释放甲醛。

（3）烃类经光化合作用能生成甲醛气体，有机物经生化反应也能生成甲醛，在燃烧废气中也含有大量的甲醛，如每燃烧1 000 L汽油可生成7 kg甲醛气体，甚至点燃一支香烟也有0.17 mg甲醛气体生成。

（4）甲醛还来自车椅座套、坐垫和车顶内衬等车内装饰材料，以新车甲醛释放量最突出。

（5）甲醛也来自室外空气的污染，如工业废气、汽车尾气、光化学烟雾等在一定程度上均可排放或产生一定量的甲醛。

1.2 吊白块

吊白块又称雕白粉，以福尔马林结合亚硫酸氢钠再还原制得，化学名称为次硫酸氢钠甲醛或甲醛合次硫酸氢钠，分子式$NaHSO_2 \cdot CH_2O \cdot 2H_2O$，为半透明白色结晶或小块，易溶于水，主要在印染工业中作为拔染剂使用。常温时较为稳定，高温下具有极强的还原性，有漂白作用。遇酸即分解，其水溶液在60 ℃以上就开始分解出有害物质，120 ℃下分解产生甲醛、二氧化硫和硫化氢等有毒气体。近年来，有些不法厂商在食品加工中用吊白块作增白剂添加，使用吊白块处理后的腐竹、粉丝、面粉、竹笋等食品，色泽会变得非常亮丽，并且久煮不烂，韧性增加，口感更佳，不易腐败变质。

1.2.1 吊白块对人体危害

吊白块对 NIH 小鼠经口灌胃 LD 50 为 8 317 mg/kg，参照国家标准评价其毒性分级为实际无毒级。但是，试验中各组动物均出现了体位异常、运动失调、抽搐痉挛、呼吸急促、紫绀等中毒症状，这一结果说明，吊白块在整体试验条件下具有一定的毒性。掺入食品中的吊白块会破坏食品的营养成分，并可引发过敏、肠道刺激、食物中毒等。吊白块遇热、酸不稳定，对健康造成的危害主要来自其分解产物——甲醛、二氧化硫和硫化氢。

1.2.2 甲醛的危害

其主要危害来自分解放出的甲醛，甲醛为原生质毒物，能和核酸的氨基及羟基结合，使之失去活性影响代谢机能破坏蛋白质，因而能高效地杀灭各种微生物，包括细菌繁殖体芽孢分枝杆菌真菌甚至病毒，其水溶液常用于浸泡动物尸体和标本，对人体肝脏肾脏及神经系统等有较大损伤，并有致癌和畸形病变作用。所以国家严禁将其作为添加剂在食品中使用。

1.2.3 分解产物二氧化硫

二氧化硫是一种无色不燃性气体，是吊白块起漂白作用的主要原因。少量的二氧化硫进入人体后生成亚硫酸盐，并在组织细胞中亚硫酸氧化酶的作用下氧化为硫酸盐，通过正常解毒后最终随尿液排出体外。因此，少量的二氧化硫对人体是无害的。

二氧化硫是国内外允许使用的一种食品添加剂，通常情况下该物质以焦亚硫酸钾、焦亚硫酸钠、亚硫酸钠、亚硫酸氢钠、低亚硫酸钠等亚硫酸盐的形式添加于食品中，或采用硫黄熏蒸的方式用于食品处理，发挥护色、防腐、漂白和抗氧化的作用。比如在水果、蔬菜干制，蜜饯、凉果生产，白砂糖加工及鲜食用菌和藻类在贮藏和加工过程中可以防止氧化褐变或微生物污染。利用二氧化硫气体熏蒸果蔬原料，可抑制原料中氧化酶的活性，使制品色泽明亮美观。在白砂糖加工中，二氧化硫能与有色物质结合达到漂白的效果。按照标准规定合理使用二氧化硫不会对人体健康造成危害，但长期超限量接触二氧化硫可能导致人类呼吸系统疾病及多组织损伤。食用二氧化硫超标的食品，容易产生恶心、呕吐等胃肠道反应，此外，还可影响人体对钙的吸收，促进机体的钙流失，过量进食可引起眼、鼻黏膜刺激等急性中毒症状，严重时出现喉头痉挛、水肿和支气管痉挛等症状；二氧化硫的毒性还会造成大脑组织的退行性病变；此外，二氧化硫还可在人体内转化成致癌物质——亚硝胺。因此，在购买食品的过程中，要注意所购食品是否色泽过于鲜亮或变浅，密封食品开袋时是否有刺激性气味等，以避免购买到二氧化硫超标的食品，影响身体健康。

鉴于二氧化硫对人体的严重危害性，为避免食品中二氧化硫残留量超标而引起食用者中毒等不良反应，各国都制定了一系列标准来严格控制二氧化硫使用量和残留量。

我国《发酵酒卫生标准》（GB2758—1981）规定了以游离 SO_2 计的残留 SO_2 的限量。我国《食品添加剂使用卫生标准》对二氧化硫类物质在各类食品中的使用范围、使用量及允许最大残留量做出了明确的规定。如硫黄只限于熏蒸蜜饯、干果、干菜、粉丝和食糖；低亚硫酸钠可用于蜜饯、干果、干菜、粉丝、葡萄糖、食糖、冰糖、饴糖、糖果、液体葡萄糖、竹笋、蘑菇及蘑菇罐头，最大使用量为 0.40 g/kg；二氧化硫可用于葡萄酒、果酒等，最大使用量不应超过 0.25 g/kg，二氧化硫残留量均不得超过 0.05 g/kg；对芝麻、乳、豆类、蔬菜以及生食用鲜鱼贝类则禁止使用。

1.2.4 分解产物硫化氢

硫化氢，分子式为 H_2S，标准状况下是一种易燃的酸性气体，无色，低浓度时有臭鸡蛋气味，浓度极低时便有硫黄味，有剧毒（LC 50 = 444~500 ppm）。其水溶液为氢硫酸，酸性较弱，比碳酸弱，但比硼酸强。能溶于水，易溶于醇类、石油溶剂和原油。硫化氢为易燃危化品，与空气混合能形成爆炸性混合物，遇明火、高热能引起燃烧爆炸。

硫化氢是具有刺激性和窒息性的无色气体，具有"臭鸡蛋"气味，低浓度接触仅有呼吸道及眼的局部刺激作用，高浓度时全身作用较明显，表现为中枢神经系统症状和窒息症状，但极高浓度很快引起嗅觉疲劳而不觉其味。在采矿、冶炼、甜菜制糖、制造二硫化碳、有机磷农药，以及皮革、硫化染料、颜料、动物胶等工业中都有硫化氢产生；有机物腐败场所如沼泽地、阴沟、化粪池、污物沉淀池等处作业时均可能有大量硫化氢逸出，作业工人中毒并不罕见。硫化氢的水溶液叫氢硫酸，是一种弱酸，当它受热时，硫化氢又从水里逸出。硫化氢是一种急性剧毒,吸入少量高浓度硫化氢可于短时间内致命。低浓度的硫化氢对眼、呼吸系统及中枢神经都有影响。中毒症状与吸入浓度与作用时间有关,轻者主要是刺激症状,表现为流泪、眼刺痛、咽喉部灼烧感;中度中毒表现为咳嗽、胸闷、视物模糊、有明显的头疼头晕等,可伴有轻度的意识障碍;重度中毒可出现昏迷、肺水肿、呼吸循环衰竭;吸入极高浓度 1 000 mg/m³ 以上时,可出现闪电型死亡,严重中毒可有心肌损害及精神神经后遗症。

1.3 苏丹红

"苏丹红"是一种化学染色剂,又名"苏丹",并非食品添加剂。苏丹红学名苏丹(Sudan),共分为苏丹红Ⅰ、苏丹红Ⅱ、苏丹红Ⅲ和苏丹红Ⅳ。它的化学成分中含有一种叫萘的化合物,该物质具有偶氮结构,由于这种化学结构的性质决定了它具有致癌性,对人体的肝肾器官具有明显的毒性作用,国家禁止作为色素添加剂在食品中使用。

苏丹红属于化工染色剂,主要是用于石油、机油和其他的一些工业溶剂中,目的是使其增色,也用于鞋、地板等的增光。由于用苏丹红染色后的食品颜色非常鲜艳且不易褪色,能引起人们强烈的食欲,一些不法食品企业把苏丹红添加到食品中,可能添加的食品有辣椒粉、辣椒油、红豆腐、红心禽蛋等。

苏丹红主要经口、皮肤进入人体。进入人体后,它主要在胃肠道

杆菌和肝脏一些酶的作用下被代谢为初级产物，之后在肝微粒体酶的作用下形成苯和萘环羟基衍生物并生成自由基，自由基可以和DNA和RNA结合生成致癌物质。

1.4 三聚氰胺

三聚氰胺化学式为 $C_3N_3(NH_2)_3$，俗称密胺、蛋白精，国际纯粹与应用化学联合会命名为1，3，5-三嗪-2，4，6-三氨基，是一种三嗪类含氮杂环有机化合物，被用作化工原料。它是白色单斜晶体，几乎无味，微溶于水，可溶于甲醇、甲醛、乙酸、热乙二醇、甘油、吡啶等，对身体有害，不可用于食品加工或食品添加物。

三聚氰胺在机体内的代谢属于不活泼代谢或惰性代谢，即它在机体内不会迅速发生任何类型的代谢变化。单胃动物以原体形式或同系物形式排出三聚氰胺，而不是代谢产物的形式。三聚氰胺对不同种类的动物、不同成长阶段的动物的毒性具有选择性，这种毒性的选择性可能是由于不同动物种属间或不同成长阶段动物的毒物代谢动力学差异引起的。三聚氰胺被认为毒性轻微。但是2008年9月，中国爆发三鹿婴幼儿奶粉受污染事件，导致食用了受污染奶粉的婴幼儿产生肾结石病症，其原因也是奶粉中含有三聚氰胺。经研究表明，长期摄入三聚氰胺会造成生殖、泌尿系统的损害，膀胱、肾部结石，并可进一步诱发膀胱癌。2017年10月27日，世界卫生组织国际癌症研究机构公布的致癌物清单初步整理参考，三聚氰胺在2B类致癌物清单中。

2. 易滥用的食品添加剂

2.1 防腐剂

防腐剂的主要作用是抑制微生物的生长和繁殖，以延长食品的保存时间。我国规定使用的防腐剂有苯甲酸、苯甲酸钠、山梨酸、山梨酸钾、对羟基苯甲酸酯类、丙酸钙等25种。

对健康群体而言，少量的苯甲酸和苯甲酸钠经人体可以变成无害的马尿酸随着尿液排出体外，但如摄食量大或超标，苯甲酸和苯甲酸钠将会影响肝脏酶对脂肪酸的作用，其次苯甲酸钠中过量的钠对人体血压、心脏、肾功能也会形成影响，特别对心脏、肝、肾功能弱的人群，

苯甲酸和苯甲酸钠的摄食是不适合的；山梨酸和山梨酸钾毒性很低，其毒性是食盐的二分之一，是国际上公认的安全防腐剂。一般而言，山梨酸和山梨酸钾的适量使用和食用，对身体健康的人无害，肾病患者由于代谢问题则需避免摄取过量的钾。

2.2 着色剂

着色剂为使食品着色的物质，可增强对食品的嗜好及刺激食欲。按来源分为化学合成色素和天然色素两类。我国允许使用的化学合成色素有：苋菜红、胭脂红、赤藓红、新红、柠檬黄、日落黄、靛蓝、亮蓝，以及为增强上述水溶性酸性色素在油脂中分散性的各种色素。我国允许使用的天然色素有：甜菜红、紫胶红、越橘红、辣椒红、红米红等45种。

着色剂对人体的危害主要表现在对儿童发育的影响，尤其表现在对儿童智力发育的阻碍作用，英国南安普敦大学应英国食品标准局请求，进行食用人工着色剂对儿童发育影响的研究。研究结果发现，包括酒石黄和落日黄在内的7种人工色素可能会使儿童智商下降5分。

2.3 甜味剂

甜味剂为加入食品中呈现甜味的天然物质和合成物质。我国允许使用的甜味剂有甜菊糖甙、糖精钠、环己基氨基磺酸钠（甜蜜素）、天门冬酰苯丙氨酸甲酯（甜味素）、乙酰磺胺酸钾（安赛蜜）、甘草、木糖醇、麦芽糖醇等。

对食品生产中限制使用糖精的问题其实国家早有规定。糖精专业名词为糖精钠，是食品添加剂中的一种。超量使用对人体的危害，专家们早有定论。特别是动物实验已表明，在食品中超量使用糖精钠能使动物致畸、致癌。

随着《食品安全法》和《食品添加剂使用标准》的颁布，食品加工及其相关行业如配料、辅料、包装等企业都针对食品安全问题，依法加强生产管理，完善生产措施，达到食品生产卫生条件要求。企业在重视食品生产中原材料卫生的同时，更不能忽视了食品领域相关化学品如作为食品添加剂的乙酸乙酯、正丙醇、乙酸正丁酯，作为危化品其在生产、运输、存储、使用等的安全问题。

化学品（药物）和食品添加剂是一把双刃剑，既不能完全抹灭它们的功能，也不要过度夸大其危害。食品中的化学成分是决定食品营养功能的物质基础。随着科技的进步和分析技术的提高，有些曾被认为是绝对安全、无污染的食品,后来又发现其中含有某些有毒有害物质,长期食用可导致消费者慢性中毒或危及其后代健康;而许多被宣布为有毒的化学物质,实际上在许多食品特别是在天然食品中以极微量的形式广泛存在,并在一定含量范围内有益于人体健康。因此,评价一种食品是否安全,并不是根据其内在的固有毒性,而是看其是否造成实际的伤害。

只要掌握好用量,合理利用其功能,就可以保证来自食品的健康问题得以较好的解决,生活更加健康美好。

第三节　食品领域其他化学品安全指引

在公众越来越重视食品安全的今天,人们对"化学"与食品关系的认识,似乎存在着误区,甚至出现了歪解。食品、安全、化学似乎是一个怪圈,食品离不开化学的配合与辅助,无论是调味反应、保鲜保质还是提亮色泽,都与化学息息相关,然而使用过度,无视对人体的伤害,就会造成食品安全危机,给公众带来恐慌。

其实,现代社会已经离不开化学品的应用。并非每一种人工产品都有危险性,也并非天然物就是绝对安全的。一般来说,剂量决定毒性。如果化学品被误用、滥用,或是不够谨慎小心地使用,那么就会给我们带来很多不确定性,甚至变得很危险。一些不法企业对化学品的滥用,一些新闻媒体夺人眼球的炒作,使得"化学"这门古老学科的形象大打折扣。但这并不是"化学"本身的问题。

作为公众了解、掌握一些食品领域中涉及的化学品基本特性,结合使用注意事项,则能避免一些不必要的危害发生。

1. 干燥剂

当我们食用一些小零食的时候,经常会发现零食当中有一小包干燥剂。这种干燥剂可以吸收水分,让食品保持新鲜,减缓腐败。这种干燥剂是万万不能拆开的,已有多例新闻报道,说有小朋友把干燥剂放入保温杯中导致保温杯爆炸,结果双眼几乎失明。

食品干燥剂一般无毒、无味、无接触腐蚀性、无环境污染。能够降低食品袋中的湿度,防止食品变质腐败。干燥剂有两种除水方式,一种是物理吸附,一种是化学吸附。如硅胶就是通过物理方式直接吸收空气中的水含量,属于物理吸附。而化学吸附是让空气中的水和干燥剂发生化学反应，生成水合物。湿气的管控与产品的良率是息息相关的，以食品而言，在适当的温度和湿度下，食物中的细菌和霉菌便会以惊人的速度繁殖，使食物腐坏，造成受潮及色变。电子产品也会因湿度过高造成金属氧化，导致接触不良，电

阻增大。食品干燥剂的使用便是为了要避免多余的水分造成不良品的发生。

常见的食品干燥剂主要分为4种：生石灰干燥剂、氯化钙干燥剂、硅胶干燥剂、蒙脱石干燥剂。这4种干燥剂有的"性子烈"，有的"脾气温和"，最危险的是生石灰干燥剂，具有强碱腐蚀性，常发生灼伤食道、伤眼事件。实验证明，有一些干燥剂是会爆炸的，最好不要去尝试。

公众在生活中应该重点关注的是干燥剂外包装上的警示，如"不可食用""不可浸水""不可开袋""注意儿童""防止入口入眼"。任何干燥剂都禁止服用，干燥剂包装小，小孩子的辨别能力弱，要将干燥剂的危险性告诉孩子，让儿童避免接触和误食干燥剂。如果不确定误食的干燥剂是否有毒，应及时就医。

1.1 生石灰干燥剂

生石灰干燥剂主要成分为氧化钙，其吸水能力是通过化学反应来实现的，具有不可逆性。不管外界环境湿度高低，它能保持大于自重35%的吸湿能力，更适合于低温度保存，具有极好的干燥吸湿效果，而且价格较低。可

广泛用于食品、服装、茶叶、皮革、制鞋、电器等行业。但是生石灰干燥剂由于具有强碱腐蚀性，使用过程中可能造成伤害，目前已逐渐

被淘汰。在安全的新型干燥剂还没有全面替代生石灰干燥剂之前，我们还是要加强警惕，生石灰干燥剂遇水可灼伤口咽、食道，避免接触和误食。对误食者禁止催吐，可以服 200 mL 牛奶，切勿用酸类物质中和以免加重损伤。

【求真实验】生石灰干燥剂与水"相遇"发生爆炸

实验过程：一包 22 g 生石灰干燥剂，遇上 100 mL 清水，稍做摇晃后，出现一些微小的气泡，继续加量，倒入第二包，这时，水中的生石灰含量达到 44 g，并且液体已经开始发烫，液体温度已经达到 29 ℃。当加入整整 4 包，生石灰总质量在 88 g 时，液体温度开始快速上升，矿泉水瓶受热后彻底变形，无法站立。出于安全起见，消防队员将其转移到空旷地带，不到 2 min 时间，测温枪显示液体温度已经达到 66 ℃，这时，意外发生了。随着瓶子发生爆炸，瓶口凸出的部位被炸出一个大洞，瓶内的白色物质最远喷射出去了近 5 米。距离瓶子仅 1 米的记者、摄像和消防队员（均穿着消防员的战斗服）身上皆沾上了白色物质。

生石灰干燥剂在密闭空间遇水，会发生剧烈化学反应，温度急剧上升，经摇晃后会发生爆炸，非常危险。

解释：生石灰干燥剂的主要成分是氧化钙，氧化钙遇水后，会发生急剧化学反应，生成碱性的化学物质氢氧化钙，反应过程中，会释放出大量的热，使水变成水蒸气。在密闭的塑料瓶中，水蒸气会使瓶子急剧膨胀，导致塑料瓶爆炸。而喷射时温度最高可达 90 ℃，能将人的皮肤灼伤，同时氢氧化钙碱性很强，对人体皮肤还有腐蚀作用。

氯化钙干燥剂遇水，也会释放大量的热量，稍不留神仍可能被它烫伤，形成的结晶水化合物对皮肤也有一定刺激性。家长若发现食品包装袋里有干燥剂，应第一时间收起，防止孩子接触发生意外。如果不慎将生石灰干燥剂弄入眼睛，最好的办法是先将生石灰粉拨出后再用清洁的水反复冲洗眼睛，千万不要用手揉搓眼睛。如果是已经遇水的生石灰接触到皮肤，要用大量清水冲洗。若不慎误食，则要喝水稀释，及时就医。

1.2 氯化钙干燥剂

氯化钙干燥剂是一种高效吸附材料，主要成分是氯化钙、胶淀粉，是采用优质碳酸钙和盐酸为原料，经反应合成、过滤、蒸发浓缩、干燥等工艺过程精制而成。水分子与氯化钙发生化学反应，从周围环境中吸收湿气转变成凝胶体，因此该干燥剂完全消除任何可渗漏的可能性。氯化钙为白色多孔块状、粒状或者蜂窝状原料，无臭，味道微苦，溶于水无色。氯化钙干燥剂能达到 300% 的吸湿率，是普通干燥剂的 8~15 倍。完全吸湿后，不蒸发。普通干燥剂吸湿后，遇到高温时，水汽会蒸发重新进入到空气中，因氯化钙干燥剂能把水气与氯化钙融合成胶状，不容易蒸发，主要用作无机化工生产其他各种钙盐的原料；也用作气体的干燥剂，生产醇、酯、醚和丙烯酸树脂时的脱水剂；在食品工业中用作钙质强化剂、固化剂、螯合剂、干燥剂等。

1.3 硅胶干燥剂

硅胶干燥剂是一种高活性吸附材料，主要成分是二氧化硅。通常是用硅酸钠和硫酸反应，并经老化、酸泡等一系列后处理过程而制得。硅胶属非晶态物质，其形状透明不规则球体，其化学分子式为 $mSiO_2 \cdot nH_2O$。部分含有少量

的蓝色或粉红色的颗粒，这些颜色是在硅胶中加入了氯化亚钴造成的，以用来指示功效。氯化亚钴在无水时呈蓝色，吸水后变为粉红色。

硅胶的化学组分和物理结构，决定了它具有许多其他同类材料难以取代的特点：吸附性能高、热稳定性好、化学性质稳定、有较高的机械强度等。硅胶干燥剂的内部为极细的毛孔网状结构，这些毛细孔能够吸收水分，并通过其物理吸引力将水分保留住，被广泛应用到航空部件、计算机器件、电子产品、皮革制品、医药、食品等行业的干燥防潮。即使将硅胶干燥剂全部浸入水中，它也不会软化或液化。它具有无毒、无味、无腐蚀、无污染的特性，化学性质稳定，吸湿性能较好，故可以与任何物品直接接触。硅胶干燥剂常呈半透明颗粒状，不被胃肠道吸收，可经粪便排出，对人体无毒性。但是切记不可食用。

1.4 蒙脱石干燥剂

蒙脱石干燥剂也称膨润土干燥剂、陶土干燥剂，以纯天然蒙脱石为原料，干燥活化制成，不含任何添加剂和易溶物，是一种无腐蚀、无毒、无公害的绿色环保产品，使用后可作为一般废弃物处理，不会污染环境，可自然降解。蒙脱石干燥剂颜色有：紫色、灰色、紫红。黏土干燥剂外观形状为灰色小球，最适宜在 50 ℃ 以下的环境中吸湿。

当温度高于 50 ℃，黏土的"放水"程度便大于"吸水"程度。蒙脱石本身也是临床上使用的止泻药物，孩子误服不会造成明显危害，叮嘱多喝水，促进排出即可。

2. 脱氧剂

脱氧剂又名去氧剂、吸氧剂，是可吸收氧气、减缓食品氧化作用的添加剂，是目前食品保藏中正在采用的新产品。它是一组易与游离氧或溶解氧起反应的化学混合物，把它装在有一定透气度和强度的密封纸袋中，如同干燥剂袋那样，在食品袋中和食品一起密封包装，能除去袋中残留在空气中的氧，防止食品因氧化变色、变质和油脂酸败，对霉菌、好氧细菌和粮食害虫的生长也有抑制作用。用于焙烤食品中，可防止糕点霉变；用于鲜肉贮藏过程中可防止肌红蛋白被氧化，达到除氧护色的作用；对于熟肉制品具有抑制脂肪氧化和防止霉菌生长的作用；在茶叶包装中可防止茶叶的褪色、变色和维生素的氧化，故若能在防潮、遮光的同时再加上脱氧包装，则在低温中贮存一年后，仍能使绿茶保持汤清叶嫩的新茶状态；在固体饮料中采用脱氧包装，可通过气体平衡，除去乳状结构中的氧，防止出现陈宿味或其他异味；脱氧包装技术用于以油炸为主要工艺的膨化食品中可除去膨化后海绵结构中的氧，防止油脂氧化；在谷物食品中脱氧包装除去氧后，可防止虫蛀和霉变；在花生、核桃、芝麻中使用可防油脂哈败；在水果和蔬菜的干制品或粉剂中，可防维生素变性和变色等。目前脱氧剂不但用来保持食品品质，而且也用于谷物、饲料、药品、衣料、皮毛、精密仪器等类物品的保存、防锈等。

脱氧剂根据其组成可分为两种：（1）以无机基质为主体的脱氧剂，如还原铁粉。其原理是铁粉在氧气和水蒸气的存在下，被氧化成氢氧化铁。又如亚硫酸盐系脱氧剂，它是以连二亚硫酸盐为主剂，以 $Ca(OH)_2$ 和活性炭为副剂，在有水的环境中进行反应。（2）以有机基质为主体，如酶类、抗坏血酸、油酸等。抗坏血酸（AA）本身是还原剂，在有氧的情况下，用铜离子作催化剂可被氧化为脱氢抗坏血酸（DHAA），从而除去环境中的氧，常用此法来除去液态食品中的氧。抗坏血酸脱氧剂是目前使用脱氧剂中安全性较高的一种。酶系脱氧剂常用的是葡萄糖氧化醇，是利用葡萄糖氧化成葡萄糖酸时消耗氧来达到脱氧目的。

脱氧剂常用的反应原理有铁粉氧化（铁系）、酶氧化（酶系）、抗坏血酸氧化、光敏感性染料氧化等。目前使用的大部分脱氧剂都是基于铁粉氧化反应。这种铁系脱氧剂可做成袋状，放入包装内，使氧的浓度降到0.01%。一般要求 1 g 铁粉能和 300 mL 的氧反应，使用时可根据包装后残存的氧气量和包装膜的透氧性选择合适的用量。除袋装脱氧剂外，还可将含有活性铁粉的

塑料标签或各种卡片插入包装内。脱氧剂的原料必须具有反应稳定、无怪味及无有害气体生成等副作用。但这些脱氧剂不可微波、不可食用。通常误食对人体无害，但若不舒服，需立即就医。

3. 制冷剂

3.1 液氮

液氮速冷是一种利用液态氮气的超低温（沸点约为 -196 ℃）特性，瞬间冷冻物体的技术。在超低温速冷环境下，物体中的水分并不会凝结为大颗粒的冰晶，而是形成细小的颗粒，在极短的时间内分子重组，若是食品还能产生特殊的口感和质地。此外，液氮极强的冷却能力可令周围环境中的水分迅速冷凝，形成细小液滴。液氮冰激凌正是利用这种原理，将人体口鼻中大量的水蒸气冷凝，制造出云雾缭绕的特效。

通常来说，液氮在常温下会迅速汽化，不会在食材中发生残留，所以按照正规操作手法进行制作的各色液氮料理并不会对顾客造成伤害。此外，飞溅的液氮液滴即便是落到身上也并不会造成实质性的皮肤损伤，这是因为液氮在飞行过程中和与皮肤接触的瞬间会与周围空气发生剧烈的热量交换，吸收周围环境中的热量。在液氮迅速吸热汽化的同时，皮肤与沸腾的液氮之间存在一个很薄的气体层，很大程度上隔绝了皮肤与液氮之间的热量传输。

虽然液氮及其汽化后产生的氮气本身都不具毒性，但是液氮极低的温度却造就了其独特的理化性质和诸多安全隐患。液氮可能引发的危险有：低温冻伤、缺氧窒息以及爆炸。低温冻伤自不必说，如果是一点飞溅的液滴，人体皮肤还能耐受。当大量液氮滴落在身上时，若不加防护会造成严重的冻伤。飞溅的液滴进入眼睛也可能造成黏膜损伤，严重时甚至有失明风险。因此使用液氮时一定要做好防护措施，

戴好高致密性的长袖手套，防止液滴溅落在手部，同时佩戴护目镜也非常有必要。

缺氧窒息的发生主要由液氮汽化前后的体积变化造成，液氮在汽化后体积可以达到之前的 700 倍之多，10 L 液氮可以汽化为 7 000 L 氮气，占据空间达到 7 m³。因此，搬运液氮时一定要注意防止容器倾覆，同时要保证操作环境的良好通风。

液氮发生爆炸的事件在世界各地也屡有发生，这类爆炸主要分为两种类型。第一种是液氮在不合规的容器中存放或违规利用密闭容器存放时发生的剧烈汽化爆炸，这种爆炸根本上来说属于物理变化，一般较为罕见，造成的后果也不至于太严重。第二种爆炸是由液氮与易燃物之间发生剧烈化学反应造成，十分危险，曾经造成过数十人死亡的恶性安全生产事故。我们知道空气主要是由氮气和氧气组成，液氮的沸点约为 –196 ℃，密度 0.807 g/mL，而液氧的沸点约为 –183 ℃，密度为 1.141 g/mL。当大量的液氮暴露在空气中时，空气会在其表面冷凝，由于液氮先于液氧挥发，液氧将被从其中分离出来，并沉积于液氮下方。液氧的氧化性极强，在与易燃物质相遇后极易发生剧烈反应从而引发爆炸，爆发热可达 2 200 kcal/kg，爆速 4 500~5 000 m/s，总膨胀比高达 860∶1。

在大多数国家，只要准备好专用的液氮容器，任何人都可以购买液氮从事生产活动，无须特殊资质，我国也不例外。然而，我们应当意识到，液氮的使用需要掌握一定的安全生产常识，绝非如很多液氮冰激凌成套技术的经销商所说的那样不存在任何安全隐患。相对于一般的顾客，需要对液氮的使用安全加以注意的反而是从业者自身，如果对其掉以轻心，那么很可能发生严重的事故。

目前我国对于食品加工的氮气是有要求的，根据《食品安全国家标准食品添加剂氮气》（GB29202–2012）要求，氮气含量体积分数必须达到 99.97%。只要是符合食品安全生产规范的，制作的食品是无毒的、安全的。

食用液氮制作的美食，是视觉与味觉双重的享受，

但是目前液氮分级缺乏有效监管，消费者不能通过肉眼直接判断液氮的纯度，所以选择信誉好的商家或酒店，才能保证其制作的液氮食品的安全性。美国 FDA 对液氮食品也是持消极态度，建议消费者避免食用此类食品，以免发生冻伤等安全事故。消费者在食用液氮食品时，一定要切记，身体不能直接接触液氮。制作液氮美食的时候，必须要佩戴防护眼镜和低温手套。液氮冰激凌采用隔冷保护的纸碗盛装，可避免液氮泄漏导致皮肤冻伤。

3.2 干冰

干冰是固态的二氧化碳。干冰不会化水，较水冰冷藏更清洁、干净。食品领域如蟹、鱼翅等海产品以及蛋糕制品等用干冰冷冻冷藏效果更好。另外，酒店制作的特色菜肴，在上桌时加入干冰，可以产生白色烟雾景观，提高宴会档次。也有在葡萄酒、鸡尾酒或饮料中加入干冰块，饮用时不仅凉爽可口，还能营造烟雾缭绕景象。在娱乐领域，广泛用于舞台、剧场、影视、婚庆、庆典、晚会等制作云海效果。

干冰存在爆炸风险。干冰极易挥发，升华为无毒、无味，比固体体积大 600~800 倍，所以干冰不能储存于完全密封的容器中，否则很容易发生爆炸。很多消费者买了含有干冰保鲜的食品后，往往不舍得扔弃干冰，认为其保鲜效果好，将食品和干冰一同放在冰箱里，这种行为会带来爆炸的潜在风险，一旦干冰挥发出来的气体超过冰箱空间容量，危险就容易发生。不能把干冰放在完全密封的容器中（如矿泉水瓶），干冰与液体混装很容易爆炸。中消协为此建议消费者将不用的干冰及时舍弃处理，或放置于非密封的空间里。

干冰容易冻伤皮肤。干冰的制冷效果是水冰的 1.5 倍以上，干冰挥发时会造成周围气温急剧下降，存在冻伤人体的潜在风险。有的消费者，特别是小孩子，喜欢将干冰放在手上或其他部位皮肤上进行降温或者视为正常的冰块玩耍，这样很容易冻伤皮肤。中消协指出，消费者尽量不要让干冰直接接触到皮肤，以免冻伤，拿取干冰一定要使用厚绵手套、夹子等隔离物。

消防人员表示，干冰运输应采用壁厚且质量完好的泡沫箱，泡沫箱应扣严，并用封箱带封严，再外套纸壳箱包装，以免碰裂。并标明轻取轻放提示，确保安全运输。干冰最好盛放在专用的储存箱里，存放在空气流通好的地方。

因此，公众在购买含有干冰的食品时要注意安全，要遵循以下几种方法正常处理干冰：（1）开启后切勿用手直接接触；（2）取拿时使用厚棉手套（塑胶手套不具阻隔效果）、夹子等遮蔽物，防止冻伤；（3）切勿吞咽干冰或者把非食用类干冰放在食物及饮品内；（4）不用塑胶料物质装盛干冰，干冰接触到塑胶料物质会令其损坏或导致其溶化；（5）弃置干冰只需让它在通风环境下自然挥发。

4. 防腐剂

亚硝酸盐是一类无机化合物的总称，主要指亚硝酸钠。亚硝酸钠为白色至淡黄色粉末或颗粒状，味微咸，易溶于水。外观及滋味都与食盐相似，并在工业、建筑业中广为使用，肉类制品中也允许作为发色剂限量使用。由亚硝酸盐引起食物中毒的概率较高。亚硝酸盐是剧毒物质，食入 0.3~0.5 g 的亚硝酸盐即可引起中毒，3 g 会导致死亡。2017 年 10 月 27 日，世界卫生组织国际癌症研究机构公布的致癌物清单初步整理参考，在导致内源性亚硝化条件下摄入的硝酸盐或亚硝酸盐在 2A 类致癌物清单中。

亚硝酸盐中毒是指由于食用硝酸盐或亚硝酸盐含量较高的腌制肉制品、泡菜及变质的蔬菜可引起中毒，或者误将工业用亚硝酸钠作为食盐食用而引起，也可见于饮用含有硝酸盐或亚硝酸盐苦井水、蒸锅水后。亚硝酸盐能使血液中正常携氧的低铁血红蛋白氧化成高铁血红蛋白，因而失去携氧能力而引起组织缺氧。

亚硝酸盐具有防腐性，可与肉品中的肌红素结合而更稳定，所以常在食品加工业被添加在香肠和腊肉中作为保色剂，以维持良好外观；其次，它可以防止肉毒梭状芽孢杆菌的产生，提高食用肉制品的安全性。但是，人体吸收过量亚硝酸盐，会影响红细胞的运作，令血液不能运

送氧气，口唇、指尖会变成蓝色，即俗称的"蓝血病"，严重时会令脑部缺氧，甚至死亡。亚硝酸盐本身并不致癌，但在烹调或其他条件下，肉品内的亚硝酸盐可与氨基酸降解反应，生成有强致癌性的亚硝胺。如果食用硝酸盐或亚硝酸盐含量较高的腌制肉制品、泡菜及变质的蔬菜可引起中毒，严重时可因呼吸衰竭而死亡。

预防措施：

（1）蔬菜应妥善保存，防止腐烂，不吃腐烂的蔬菜。

（2）食剩的熟菜不可在高温下存放长时间后再食用。

（3）勿食大量刚腌的菜，腌菜时盐应多放，至少腌至 15 天以上再食用；但现腌的菜，最好马上就吃，不能存放过久，腌菜时选用新鲜菜。

（4）不要在短时间内生吃大量叶菜类蔬菜，或先用开水焯 5 min，弃汤后再烹调。

（5）肉制品中硝酸盐和亚硝酸盐用量要严格按国家卫生标准规定，不可多加。

（6）防止错把亚硝酸盐当食盐或碱面用。

（7）苦井水勿用于煮粥，尤其勿存放过夜。

（8）多食入维生素 C 和维生素 E，以及新鲜水果等。

（9）蔬菜食用前沸水浸泡 3 min 处理，马铃薯放在浓度为 1% 的食盐水或维生素 C 溶液浸泡一昼夜。

第五章 行业领域使用的危险化学品安全常识

危险化学品与工业生产和日常生活结合得越来越紧密，化工行业是我国国民经济的支柱之一，且几乎所有的工业生产均涉及危险化学品。化工产品作为国民经济最基本的生产生活资料，按照生命周期划为生产、储存、使用、经营（购销）、运输、废弃处置等多个环节，广泛分布应用于化学化工、医药、采矿、能源、运输、仓储、建筑、农业、轻工、日化、食品、卫生、科研、教育等诸多行业领域。

希望大家多学习"两个目录""一条法规"，树立安全意识，遵守法律法规，让安全幸福常在。

第一节　涉及危险化学品安全风险的行业

为了深刻吸取天津港"8·12"瑞海公司危险品仓库特别重大火灾爆炸等事故的教训，落实有关事故防范措施，有效防范和遏制危险化学品重特大事故，国务院安全生产委员会组织研究编制了《涉及危险化学品安全风险的行业品种目录》（简称《目录》，2016 年 6 月 28 日发布）。

《目录》对《国民经济行业分类》（GB/T4754—2011）所有的 20 个门类、95 个大类进行了全面梳理和辨识，其中的 15 个门类和 68 个大类涉及危险化学品，分别占国民经济门类的 3/4 和大类的 2/3。《目录》重点列出了有关行业涉及的典型危险化学品品种及主要安全风险。《目录》显示，不仅采矿业、制造业等工业生产中存在危险化学品安全风险，农业种植使用农药、油墨印刷、餐饮燃气、学校实验室等第一产业、第三产业中的危险化学品风险也不容忽视。

《目录》主要用于指导各地区和涉及危险化学品安全的有关行业

深入摸排、准确掌握本行业、本地区的危险化学品安全风险，建立危险化学品安全风险分布档案，并结合国务院安全生产委员会关于危险化学品安全专项整治等有关工作安排，深入推动企业落实安全生产主体责任和政府部门监管责任，实施重点监管、精准监管、科学监管，建立风险管控和隐患排查治理双重预防机制，有效遏制危险化学品重特大事故。

涉及危险化学品安全风险的行业见表8。

表8 涉及危险化学品安全风险的行业

门类	大类	类别名称	涉及的典型危险化学品	主要安全风险
			农、林、牧、渔业	
A	1	农业	（1）农业种植使用硝酸铵肥料、硝酸钾肥料	爆炸、火灾
			（2）农业种植使用农药，如：甲拌磷、克百威、涕灭威、氯化苦、溴敌隆、杀鼠醚、杀鼠灵、氧乐果、水胺硫磷、硫丹、灭线磷、百草枯等	中毒
	2	林业	（1）林业种植使用硝酸铵肥料、硝酸钾肥料	爆炸、火灾
			（2）使用农药具有毒性，如：氧乐果、水胺硫磷等	中毒
	4	渔业	渔船、冷库的制冷使用液氨	中毒、火灾、爆炸
	5	农、林、牧、渔服务业	（1）农业服务业防治病虫害使用毒杀芬等农药	中毒
			（2）使用硝酸铵肥料、硝酸钾肥料	爆炸、火灾
			（3）制冷使用液氨	中毒、火灾、爆炸
B			采矿	
	6	煤炭开采和洗选业	（1）煤矿许用的膨化硝铵炸药	爆炸
			（2）焊接使用乙炔、氧气	爆炸、火灾
			（3）铅酸蓄电池使用硫酸等	腐蚀
			（4）煤炭洗选使用煤油、轻柴油等非极性烃类作为捕收剂	火灾、爆炸
			（5）煤炭洗选使用盐酸作为调整剂	腐蚀、中毒
			（6）瓦斯、一氧化碳等有毒有害气体	中毒、火灾、爆炸
			（7）煤炭洗选重介质选煤使用三溴甲烷、四氯化碳等作为重介质	中毒
	7	石油和天然气开采业	（1）油气田勘探过程中使用硝铵炸药	爆炸
			（2）油气田开采、集输、油气分离、净化处理、存储等过程以及井喷事故中涉及到原油、天然气、液化烃和硫化氢等	火灾、爆炸、中毒

		（3）采油	中毒、腐蚀、火灾、爆炸
8	黑色金属矿采选业	（1）金属矿开采使用硝铵炸药、硝化甘油等	爆炸
		（2）金属矿选矿使用松油、松节油、戊醇、甲酚等作为起泡剂，使用氯化锌、四溴乙烷等作为重液	火灾、中毒
9	有色金属矿采选业	（1）金属矿开采使用硝铵炸药、硝化甘油等	爆炸
		（2）金属矿选矿使用氰化物、硫酸、盐酸、氢氧化钠、次氯酸钠、硫化钠、氢氟酸、重铬酸钠、氟硅酸等作为调整剂，使用松油、煤油、乙醇、甲酚等作为起泡剂	火灾、爆炸、中毒、腐蚀
10	非金属矿采选业	（1）非金属矿开采使用硝铵炸药、硝化甘油等	爆炸
		（2）非金属矿开采过程中涉及五氧化二磷、硫黄、硝酸钾等	腐蚀、火灾、爆炸、中毒
12	其他采矿业	矿物开采使用硝铵炸药、硝化甘油等	爆炸
C	制造业		
13	农副产品加工业	（1）谷物研磨、熏蒸、浸泡、蛋白沉淀等过程中使用磷化铝、磷化氢、盐酸、氢氧化钠等	中毒、腐蚀、粉尘爆炸、火灾
		（2）饲料加工使用亚硒酸钠、氢氧化钠等作为饲料添加剂	中毒、腐蚀
		（3）植物油加工使用正己烷、环己烷等易燃液体作浸出剂，使用氢氧化钠去除游离脂肪酸。生产氢化植物油使用氢气	火灾、爆炸、腐蚀
		（4）制糖使用亚硫酸、二氧化硫、磷酸、五氧化二磷等作为糖类的清净剂，在硫漂工艺使用硫黄	腐蚀、中毒、火灾
		（5）屠宰、水产品使用液氨作冷冻剂，使用食用亚硝酸钠、硝酸钠进行腌制	中毒、火灾、爆炸
		（6）鱼油生产涉及氢氧化钠等	腐蚀
		（7）使用二氧化氯等作为消毒剂	中毒
		（8）使用氢氧化钠、氢氧化钾等用于水果碱液去皮工艺	腐蚀
		（9）使用亚硫酸加速淀粉颗粒释放，涉及硫黄燃烧生产二氧化硫、加水生成亚硫酸的过程	中毒、腐蚀、火灾
		（10）脱毛使用液化石油气	火灾、爆炸
14	食品制造业	（1）使用液氨作为冷冻剂，亚硝酸盐作为防腐剂	中毒、火灾、爆炸
		（2）方便食品制造使用液氨等作为冷冻剂	中毒、火灾、爆炸
		（3）盐加工使用碘酸钾等	火灾、爆炸
		（4）味精制造过程中使用硫化钠作为除铁剂	中毒、腐蚀

		（5）制醋过程使用乙醇溶液作为速酿醋原料	火灾、爆炸、中毒
		（6）使用无水乙醇进行萃取提纯	火灾、爆炸、中毒
		（7）酱油酿造、食用油生产使用正己烷、环己烷等易燃液体作为浸出剂	火灾、爆炸、中毒
		（8）食品腌制产生硫化氢等	中毒
		（9）淀粉生产使用亚硫酸	中毒
15	酒、饮料和精制茶制造业	（1）酒类制造过程中产生乙醇等	火灾、爆炸、中毒
		（2）饮料制作过程中使用二氧化碳	物理爆炸、窒息
		（3）使用液氨作为冷冻剂	中毒、火灾、爆炸
		（4）使用氢氧化钠、硝酸、过氧乙酸等清洗、消毒设备	中毒、腐蚀
17	纺织业	（1）棉纺用三氯乙烯、甲苯等	火灾、中毒
		（2）毛纺使用重铬酸钾、甲酸、氢氧化钠、燃气等	火灾、爆炸、中毒、腐蚀
		（3）化纤纺丝工序使用联苯醚	中毒、火灾
		（4）针织类涂层复合布使用醋酸乙酯、丁酮、环己酮、甲苯等	火灾、爆炸、中毒
		（5）印染使用氢氧化钠、过氧化氢、连二亚硫酸钠、次氯酸钠溶液、N,N-二甲基甲酰胺、甲苯、硫化钠、丙酮、乙酸乙酯等	火灾、爆炸、中毒、腐蚀
19	皮革、毛皮、羽毛及其制品和制鞋业	（1）脱毛使用硫化钠	中毒、腐蚀
		（2）鞣制使用甲醛	中毒、爆炸、火灾
		（3）浸酸工艺使用甲酸	腐蚀、爆炸、火灾
		（4）制鞋使用溶剂油、丙酮作为胶黏剂的稀释剂	火灾、爆炸、中毒
20	木材加工和木、竹、藤、棕、草制品业	（1）使用溶剂油、丙酮作为胶黏剂的稀释剂	火灾、爆炸、中毒
		（2）表面漆使用溶剂油	火灾、爆炸、中毒
21	家具制造业	（1）油漆使用二甲苯、溶剂油等稀释剂	火灾、爆炸、中毒
		（2）焊接使用乙炔、氧气	火灾、爆炸
22	造纸和纸制品业	（1）染色过程中使用硫化钠等作为染色剂	中毒、腐蚀
		（2）硼酸等作为改性剂	腐蚀
		（3）漂白剂，如：氯气、次氯酸钠、二氧化氯、过氧化氢、氧气等	中毒、腐蚀、火灾、爆炸

		（4）废液提取使用甲醇	火灾、爆炸
23	印刷和记录媒介复制业	印刷使用油墨	火灾、中毒
24	文教、工美、体育和娱乐用品制造业	（1）焊接使用乙炔、氧气	爆炸、火灾
		（2）电镀使用氰化钾、盐酸等	中毒、腐蚀
		（3）涂料使用硝基漆（主要成分为硝化纤维素）	火灾
25	石油加工、炼焦和核燃料加工业	（1）石油加工涉及原油、汽油、柴油、液化烃、硫化氢、硫黄等	爆炸、火灾、中毒
		（2）炼焦涉及硫酸、乙炔、硫黄、苯、煤气等	爆炸、火灾、中毒、腐蚀
26	化学原料和化学制品制造业	盐酸、氢氧化钠、乙醇、硝化棉等基础化工原料，硝酸铵等化肥，速灭磷等农药，氯乙烯等合成材料聚合物单体，硫黄等用于日化制造，以及各种专用化学品	爆炸、火灾、中毒、腐蚀
27	医药制造业	（1）涉及乙醇、丙酮等作为溶剂和产品	爆炸、火灾、中毒
		（2）使用光气、环氧乙烷、氢气、氯气、液溴、盐酸、硫酸、氢氧化钠等作为原料	火灾、爆炸、中毒、腐蚀
28	化学纤维制造业	（1）原料涉及二甲苯、丙烯腈、乙二醇等	火灾、爆炸、中毒
		（2）生产过程涉及成品油、天然气等原料，丙烯腈、丙烯等聚合单体	火灾、爆炸、中毒
29	橡胶和塑料制品业	使用煤焦油、丙烯腈、丁二烯、松焦油、苯基硫醇、硫黄等	火灾、爆炸、中毒
30	非金属矿物制品业	（1）三氧化二砷、氟化氢等作为澄清剂，高锰酸钾、重铬酸钾等作为着色剂	中毒、腐蚀、火灾
		（2）使用天然气、煤气等作为燃料	火灾、爆炸、中毒
31	黑色金属冶炼和压延加工业	冶炼过程涉及一氧化碳、盐酸、氧气、氢气、氩气、氮气、电石等	火灾、爆炸、中毒、腐蚀
32	有色金属冶炼和压延加工业	（1）冶炼焙烧过程涉及一氧化碳、二氧化硫、氯气、氮气、砷化氢等	火灾、爆炸、中毒、腐蚀
		（2）部分贵金属提取使用氰化钠	中毒
		（3）镁、锂和镁铝粉等	火灾、粉尘爆炸
		（4）萃取剂磺化煤油等	火灾
		（5）硫酸、盐酸、氢氧化钠等作为浸出剂	腐蚀
		（6）压延加工热处理使用液氨	中毒、火灾、爆炸
33	金属制品业	（1）焊接使用乙炔、氧气、丙烷	火灾、爆炸
		（2）金属器件电镀使用氰化钾、硫酸、盐酸等	中毒、腐蚀

		(3) 金属漆稀释剂使用甲苯、二甲苯等	火灾、爆炸、中毒
		(4) 金属表面抛光产生镁铝粉等	火灾、粉尘爆炸
		(5) 表面清洗使用松香水、天拿水等	火灾、爆炸、中毒
		(6) 金属热处理使用液氨、氢气、丙烷等	火灾、爆炸、中毒
34	通用设备制造业	(1) 焊接使用乙炔、氧气、丙烷	火灾、爆炸
		(2) 金属漆稀释剂使用甲苯、二甲苯等	火灾、爆炸、中毒
		(3) 金属表面抛光产生镁铝粉等	火灾、粉尘爆炸
		(4) 表面清洗使用松香水、天拿水等	火灾、爆炸、中毒
		(5) 金属热处理使用液氨、氢气、丙烷等	火灾、爆炸、中毒
35	专用设备制造业	(1) 焊接使用乙炔、氧气、丙烷	火灾、爆炸
		(2) 金属漆稀释剂使用甲苯、二甲苯等	火灾、爆炸、中毒
		(3) 金属表面抛光产生镁铝粉等	火灾、粉尘爆炸
		(4) 表面清洗使用松香水、天拿水等	火灾、爆炸、中毒
		(5) 金属热处理使用液氨、氢气、丙烷等	火灾、爆炸、中毒
36	汽车制造业	(1) 焊接使用乙炔、氧气、丙烷	火灾、爆炸
		(2) 金属漆稀释剂使用甲苯、二甲苯等	火灾、爆炸、中毒
		(3) 金属表面抛光产生镁铝粉等	火灾、粉尘爆炸
		(4) 表面清洗使用松香水、天拿水等	火灾、爆炸、中毒
		(5) 金属热处理使用液氨、氢气、丙烷等	火灾、爆炸、中毒
37	铁路、船舶、航空航天和其他运输设备制造业	(1) 焊接使用乙炔、氧气、丙烷	火灾、爆炸
		(2) 金属漆稀释剂使用甲苯、二甲苯等	火灾、爆炸、中毒
		(3) 金属表面抛光产生镁铝粉等	火灾、粉尘爆炸
		(4) 表面清洗使用松香水、天拿水等	火灾、爆炸、中毒

		（5）金属热处理使用液氨、氢气、丙烷等	火灾、爆炸、中毒
	38	电气机械和器材制造业	（1）电池制造使用硫酸、硫酸铅、氢气、甲醇、锂等	爆炸、火灾、腐蚀、中毒
			（2）照明器具使用砷化镓、汞等有毒物质	中毒
	39	计算机、通信和其他电子设备制造业	（1）氢氟酸用于集成电路板制造	中毒、腐蚀
			（2）金属器件电镀使用氰化钾、硫酸、盐酸、铬酐（三氧化铬）等	中毒、腐蚀
			（3）电子元件焊接过程使用松香水、天拿水等	火灾、爆炸、中毒
	40	仪器仪表制造业	（1）焊接使用乙炔、氧气、丙烷	火灾、爆炸
			（2）金属漆稀释剂使用甲苯、二甲苯等	火灾、爆炸、中毒
	41	其他制造业	溶剂油、丙酮作为日用品胶黏剂的稀释剂	火灾、爆炸、中毒
	42	废弃资源综合利用业	各种废弃物涉及易燃易爆、有毒、氧化性、腐蚀等各种危险性的废料，如甲烷气、硫化氢、废汽油、废盐酸等	爆炸、火灾、中毒、腐蚀
	43	金属制品、机械和设备修理业	（1）焊接使用乙炔、氧气、丙烷	火灾、爆炸
			（2）金属漆稀释剂使用甲苯、二甲苯等	火灾、爆炸、中毒
D		电力、热力、燃气及水生产和供应业		
	44	电力、热力生产和供应业	热电厂涉及天然气、柴油、液氨、氢气、一氧化碳、二氧化硫等	爆炸、火灾、中毒、腐蚀
	45	燃气生产和供应业	燃气生产涉及液化石油气、天然气、煤气等易燃气体，液氨、硫化氢等有毒气体，原料涉及石油化工产品等易燃气体和易燃液体、盐酸、氢氧化钠等	爆炸、火灾、中毒、腐蚀
	46	水的生产和供应业	（1）消毒使用液氯、次氯酸钠等	中毒、腐蚀
			（2）污水处理使用盐酸、氢氧化钠、过氧化氢等	腐蚀
			（3）污水中含有汽油等易燃液体和硫化氢等有毒物质	火灾、爆炸、中毒
E		建筑业		
	47	房屋建筑业	焊接使用乙炔、氧气	火灾、爆炸
	48	土木工程建筑业	（1）焊接使用乙炔、氧气	火灾、爆炸
			（2）油漆稀释剂涉及丙酮、乙醇等	火灾、爆炸、中毒
			（3）水利水电工程建设使用硝铵炸药	爆炸
	50	建筑装饰和其他建筑业	油漆稀释剂涉及丙酮、乙醇等	火灾、爆炸、中毒

			批发和零售业	
F	51	批发业	（1）盐酸、氢氧化钠、乙醇、氯乙烯、硝铵炸药、硝化棉、油漆、溶剂油等，硝酸铵等化肥，速灭磷等农药，氧气、乙醇等医用品，乙醇、丙酮等实验室用化学品	爆炸、火灾、中毒、腐蚀
			（2）冷冻涉及液氨等	中毒、火灾、爆炸
	52	零售业	盐酸、氢氧化钠、乙醇、硝铵炸药、氯乙烯、油漆、溶剂油等危险化学品，硝酸铵等化肥，速灭磷等农药，医用氧气、酒精等，乙醇、丙酮等实验室用化学品	爆炸、火灾、中毒、腐蚀
			交通运输、仓储和邮政业	
G	53	铁路运输业	硝铵炸药、硝化棉、震源弹，液化石油气、液氨，原油、成品油、甲苯、乙醇、黄磷、电石，硝酸铵、氯酸钾、硝酸钾等肥料，氰化钠、氰化钾、呋喃丹、速灭磷、盐酸、硫酸、硝酸、氢氧化钠，以及各种危险货物的运输	爆炸、火灾、中毒、腐蚀
	54	道路运输业	盐酸、氢氧化钠、硝铵炸药、硝化棉、液氨、乙醇等，液氯、氰化钠等剧毒化学品，硝酸铵等化肥，速灭磷等农药，原油、成品油等油品，以及各种专用化学品的仓储运输	爆炸、火灾、中毒、腐蚀
	55	水上运输业	盐酸、氢氧化钠、硝铵炸药、硝化棉、液氨、乙醇等，硝酸铵等化肥，速灭磷等农药，原油、成品油等油品，以及各种专用化学品的仓储运输	爆炸、火灾、中毒、腐蚀
	56	航空运输业	航空煤油等油品，航空货运的各类危险化学品	爆炸、火灾、中毒、腐蚀
	57	管道运输业	天然气、乙烯、乙醇、汽油、煤气、沼气等的运输	爆炸、火灾、中毒
	58	装卸搬运和运输代理业	盐酸、氢氧化钠、硝铵炸药、硝化棉、液氨、乙醇等化学品，硝酸铵等化肥，速灭磷等农药，以及各种专用化学品的仓储	爆炸、火灾、中毒、腐蚀
	59	仓储业	盐酸、氢氧化钠、硝铵炸药、硝化棉、液氨、乙醇等化学品，硝酸铵等化肥，储粮害虫防治使用磷化铝等农药，以及各种专用化学品的仓储	爆炸、火灾、中毒、腐蚀
			住宿和餐饮业	
H	61	住宿业	取暖涉及天然气、煤气等	火灾、爆炸、中毒
	62	餐饮业	烹饪使用天然气、液化石油气、二甲醚、酒精、煤气等	火灾、爆炸、中毒
			房地产业	
K	70	房地产业	（1）使用溶剂油、丙酮作为胶黏剂的稀释剂	火灾、爆炸、中毒

			（2）涂料涉及溶剂油等	火灾、爆炸、中毒
			（3）焊接使用乙炔、氧气	火灾、爆炸
M			**科学研究和技术服务业**	
	73	研究和试验发展	研究试验使用的硫酸、盐酸、硝酸、氢氧化钠、氢氧化钾等	火灾、爆炸、中毒、腐蚀
	74	专业技术服务业	（1）测试、监测、勘探等使用硫酸、盐酸、硝酸、氢氧化钠、氢氧化钾等	火灾、爆炸、中毒、腐蚀
			（2）油气田勘探过程中使用硝铵炸药、丙烯酰胺等助剂	爆炸、腐蚀、中毒
			（3）氢氟酸用于集成电路板制造	中毒、腐蚀
			（4）金属器件电镀使用氰化钾、硫酸、盐酸等	中毒、腐蚀
			（5）电子元件焊接过程使用松香水等	火灾、爆炸、中毒
N			**水利、环境和公共设施管理业**	
	76	水利管理业	水质监测使用硫酸、盐酸、高锰酸钾、碘化汞等	腐蚀、中毒
			水保监测使用氧气、乙炔、氢气气瓶以及三氯甲烷、硫酸、盐酸、高锰酸钾、丙酮、甲苯、醋酸酐等	火灾、爆炸、中毒、腐蚀
			水利水电工程使用汽油、氧气、乙炔等	火灾、爆炸
			水文实验室使用氟化氢、硫酸、盐酸、三氯甲烷、正己烷等试剂，重铬酸钾、氰化钠、叠氮化钠等剧毒化学品	火灾、爆炸、中毒、腐蚀
			水利科研实验室使用乙炔、丙烷、甲醛、苯、硫酸、硝酸、盐酸等	中毒、腐蚀、火灾、爆炸
	77	生态保护和环境治理业	（1）植物培育防治病虫害使用毒杀芬等农药、硝酸铵肥料等	中毒、爆炸
			（2）污水治理使用次氯酸钠、液氯、盐酸、氢氧化钠等化学品，废弃物和污水含有的易燃、有毒、腐蚀等化学品	中毒、腐蚀、火灾、爆炸
			（3）大气治理使用氨气等	中毒、腐蚀、火灾、爆炸
	78	公共设施管理业	（1）化粪池等场所涉及沼气、硫化氢、盐酸等	火灾、爆炸、中毒、腐蚀
			（2）绿化使用硝酸铵肥料和氧乐果等农药	爆炸、中毒
			（3）市政设施抢修使用乙炔、氧气等	火灾、爆炸
O			**居民服务、修理和其他服务业**	
	79	居民服务业	（1）使用燃气、甲醛、乙醇溶液	火灾、爆炸、中毒
			（2）漂白剂，如过氧化氢、次氯酸钙及过硼酸钠等溶液	腐蚀、中毒
			（3）美发行业发胶中含乙醇、丙烷、丁烷等	火灾、爆炸、中毒

80	机动车、电子产品和日用产品修理业	（1）焊接使用乙炔、氧气	火灾、爆炸
		（2）金属器件电镀使用氰化钾、硫酸、盐酸等	中毒、腐蚀
		（3）金属漆稀释剂使用甲苯、二甲苯等	火灾、爆炸、中毒
		（4）金属表面抛光产生镁铝粉等	火灾、粉尘爆炸
		（5）表面清洗使用松香水、天拿水等	火灾、爆炸、中毒
P	82 教育	**教育**	
		学校实验室使用金属钠、氢气、硫酸、盐酸、硝酸、氢氧化钠、氢氧化钾等试剂	火灾、爆炸、中毒、腐蚀
Q	83 卫生	**卫生和社会工作**	
		（1）消毒使用乙醇、高锰酸钾、次氯酸钠等	火灾、爆炸、腐蚀
		（2）检查使用甲醛溶液、氰化物等	火灾、中毒、腐蚀
		（3）麻醉使用乙醚，医疗使用压缩氧气及液氧	火灾、爆炸
R	85 新闻和出版业	**文化、体育和娱乐业**	
		印刷使用油墨	火灾、中毒
	87 文化艺术业	（1）储存使用甲醛溶液	中毒、火灾
		（2）舞台使用二氧化碳	窒息、物理爆炸

注：本目录所列行业均为《国民经济行业分类》（GB/T4754—2011）列出的行业，不涉及危险化学品的行业未列出。

第二节　行业领域使用的危险化学品安全常识

一种危险化学品，可能在多个行业门类同时使用、产生或存在。例如，氧气在采矿业、制造业、电力热力燃气和水制造与服务业、建筑业、居民服务、修理和其他服务业、水利、环境和公共设施管理业、教育、卫生和社会工作都要使用。

另外，一些行业领域对化学品的表述虽然有差异，但成分都是危险化学品。如"木材加工和木、竹、藤、棕、草制品业"涉及的典型危险化学品为"表面漆使用溶剂油"；"家具制造业"涉及的典型危险化学品为"油漆使用二甲苯、溶剂油等稀释剂"；"文教、工美、体育和娱乐用品制造业"涉及的典型危险化学品为"涂料使用硝基漆（主要成分为硝化纤维素）"；"化学原料和化学制品制造业"涉及的典型危险化学品为"盐酸、氢氧化钠、乙醇、硝化棉等基础化工原料，硝酸铵等化肥，速灭磷等农药，氯乙烯等合成材料聚合物单体，硫黄等用于日化制造，以及各种专用化学品"；"金属制品业""汽车制造业""通用设备制造业""专用设备制造业""铁路、船舶、航空航天和其他运输设备制造业""仪器仪表制造业""金属制品、机械和设备修理业""机动车、电子产品和日用产品修理业"涉及的典型危险化学品均为"金属漆稀释剂使用甲苯、二甲苯等"；"土木工程建筑业""建筑装饰和其他建筑业"涉及的典型危险化学品均为"油漆稀释剂涉及丙酮、乙醇等"；"零售业"涉及的典型危险化学品为"盐酸、氢氧化钠、乙醇、硝铵炸药、氯乙烯、油漆、溶剂油等危险化学品，硝酸铵等化肥，速灭磷等农药，医用氧气、酒精等，乙醇、丙酮等实验室用化学品"；"房地产业"涉及的典型危险化学品为"涂料涉及溶剂油等"等。

化学品与我们的生活息息相关。除了常见的食品添加剂、精细化学品、药品等之外，还有一些化学品是对人体有害的，如苯、苯胺、甲醛等强致癌化合物，过氧化物、叠氮化物等易爆化合物。对于可能会接触到有毒有害化学品的人来说，了解并掌握危险化学品特性、安全措施和应急处置原则，有助于减少危险化学品对人体的侵害，做到"知己知彼，防患于未然"。

结合国内常见的危险化学品事故，选取涉及危化品的行业领域常用危险化学品，重点介绍液化石油气、甲烷（天然气）、氯气、氨气、硫化氢、汽油（含甲醇汽油、乙醇汽油）、氢气、一氧化碳、甲醇、乙炔、甲苯、苯酚、乙酸乙酯、硝酸铵、三氯甲烷等25种危化品的特性及安全措施和应急处置原则。希望社会公众遇到相关危险化学品引发的突发安全事件能够采取正确的应急措施，发生危险化学品突发事故后能准确识别有用信息，真正做到科学应对。

1. 液化石油气的特性及安全措施和应急处置原则

液化石油气是由石油加工过程中得到的一种无色挥发性液体，主要组分为丙烷、丙烯、丁烷、丁烯，并含有少量戊烷、戊烯和微量硫化氢等杂质。不溶于水，熔点 −160～−107 ℃，沸点 −12～4 ℃，闪

点 –80~–60 ℃，相对密度（水 =1）0.5~0.6，相对蒸气密度（空气 = 1）1.5~2.0，爆炸极限 5%~33%（体积比），自燃温度 426~537 ℃。

主要用途：主要用作民用燃料、发动机燃料、制氢原料、加热炉燃料以及打火机的气体燃料等，也可用作石油化工的原料。

燃烧和爆炸危险性：极易燃，与空气混合能形成爆炸性混合物，遇热源或明火有燃烧爆炸危险。比空气重，能在较低处扩散到相当远的地方，遇点火源会着火回燃。

活性反应：与氟、氯等接触会发生剧烈的化学反应。

健康危害：主要侵犯中枢神经系统。急性液化气轻度中毒主要表现为头昏、头痛、咳嗽、食欲减退、乏力、失眠等；重者失去知觉、小便失禁、呼吸变浅变慢。

1.1 一般安全措施：

（1）操作人员必须经过专门培训，严格遵守操作规程，熟练掌握操作技能，具备应急处置知识。

（2）密闭操作，避免泄漏，工作场所提供良好的自然通风条件。远离火种、热源，工作场所严禁吸烟。

（3）生产、储存、使用液化石油气的车间及场所应设置泄漏检测报警仪，使用防爆型的通风系统和设备，配备两套以上重型防护服。穿防静电工作服，工作场所浓度超标时，建议操作人员佩戴过滤式防毒面具。

（4）可能接触液体时，应防止冻伤。储罐等压力容器和设备应设置安全阀、压力表、液位计、温度计，并应装有带压力、液位、温度远传记录和报警功能的安全装置，设置整流装置与压力机、动力电源、管线压力、通风设施或相应的吸收装置的连锁装置。储罐等设置紧急切断装置。

（5）避免与氧化剂、卤素接触。

（6）生产、储存区域应设置安全警示标志。在传送过程中，钢瓶和容器必须接地和跨接，防止产生静电。搬运时轻装轻卸，防止钢瓶及附件破损。禁止使用电磁起重机和用链绳捆扎，或将瓶阀作为吊运着力点。配备相应品种和数量的消防器材及泄漏应急处理设备。

1.2 操作安全

（1）充装液化石油气钢瓶，必须在充装站内按工艺流程进行。禁止槽车、贮罐，或大瓶向小瓶直接充装液化气。禁止漏气、超重等不合格的钢瓶运出充装站。

（2）用户使用装有液化石油气的钢瓶时，不准擅自更改钢瓶的颜色和标记；不准把钢瓶放在曝日下、卧室和办公室内及靠近热源的地方；不准用明火、蒸气、热水等热源对钢瓶加热或用明火检漏；不准倒卧或横卧使用钢瓶；不准摔碰、滚动液化气钢瓶；不准钢瓶之间互充液化气；不准自行处理液化气残液。

（3）液化石油气的储罐在首次投入使用前，要求罐内含氧量小于3%。首次灌装液化石油气时，应先开启气相阀门，待两罐压力平衡后，进行缓慢灌装。

（4）液化石油气槽车装卸作业时，凡有以下情况之一时：附近发生火灾、检测出液化气体泄漏、液压异常、其他不安全因素等，槽车应立即停止装卸作业，并妥善处理。

（5）充装时，使用万向节管道充装系统，严防超装。

1.3 储存安全

（1）储存于阴凉、通风的易燃气体专用库房。远离火种、热源。库房温度不宜超过 30 ℃。

（2）应与氧化剂、卤素分开存放，切忌混储。

（3）照明线路、开关及灯具应符合防爆规范，地面应采用不产生火花的材料或防静电胶垫，管道法兰之间应用导电跨接。

（4）压力表必须有技术监督部门有效的检定合格证。储罐站必须加强安全管理，站内严禁烟火，进站人员不得穿易产生静电的服装和穿带钉鞋。

（5）入站机动车辆排气管出口应有消火装置，车速不得超过 5 km/h。

（6）液化石油气供应单位和供气站点应设有符合消防安全要求的专用钢瓶库；建立液化石油气实瓶入库验收制度，不合格的钢瓶不得入库；空瓶和实瓶应分开放置，并应设置明显标志。

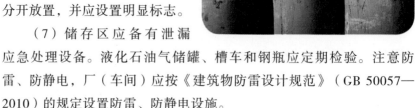

（7）储存区应备有泄漏应急处理设备。液化石油气储罐、槽车和钢瓶应定期检验。注意防雷、防静电，厂（车间）应按《建筑物防雷设计规范》（GB 50057—2010）的规定设置防雷、防静电设施。

1.4 运输安全

（1）运输车辆应有危险货物运输标志，安装具有行驶记录功能的卫星定位装置。未经公安机关批准，运输车辆不得进入危险化学品运输车辆限制通行的区域。

（2）槽车运输时要用专用槽车。槽车安装的阻火器（火星熄灭器）必须完好。槽车和运输卡车要有导静电拖线；槽车上要备有 2 只以上干粉或二氧化碳灭火器和防爆工具。

（3）车辆运输钢瓶时，瓶口一律朝向车辆行驶方向的右方，堆放高度不得超过车辆的防护栏板，并用三角木垫卡牢，防止滚动。不准同车混装有抵触性质的物品和让无关人员搭车。运输途中远离火种，不准在有明火地点或人多地段停车，停车时要有人看管。发生泄漏或火灾时要开到安全地方进行灭火或堵漏。

（4）输送液化石油气的管道不应靠近热源敷设；管道采用地上敷设时，应在人员活动较多和易遭车辆、外来物撞击的地段，采取保护措施并设置明显的警示标志；液化石油气管道架空敷设时，管道应敷设在非燃烧体的支架或栈桥上。在已敷设的液化石油气管道下面，不得修建与液化石油气管道无关的建筑物和堆放易燃物品；液化石油气管道外壁颜色、标志应执行《工业管道的基本识别色、识别符号和安全标识》（GB 7231—2016）的规定。

生活中的危险化学品

1.5 应急处置原则

（1）吸入：迅速脱离现场至空气新鲜处，保持呼吸道通畅。如呼吸困难，立即输氧；如呼吸停止，立即进行人工呼吸并就医。

（2）皮肤接触：如果发生冻伤，将患部浸泡于保持在 38~42 ℃的温水中复温；不要涂擦，不要使用热水或辐射热，使用清洁、干燥的敷料包扎。如有不适感，立即就医。

（3）灭火方法：切断气源。若不能切断气源，则不允许熄灭泄漏处的火焰。喷水冷却容器，尽可能将容器从火场移至空旷处。使用泡沫、二氧化碳、雾状水灭火剂。

（4）泄漏应急处置：消除所有点火源。根据气体的影响区域划定警戒区，无关人员从侧风、上风向撤离至安全区；静风泄漏时，液化石油气沉在底部并向低洼处流动，无关人员应向高处撤离。建议应急处理人员戴正压自给式空气呼吸器，穿防静电、防寒服。作业时使用的所有设备应接地。禁止接触或跨越泄漏物。尽可能切断泄漏源。若可能翻转容器，则使之逸出气体而非液体。喷雾状水抑制蒸气或改变蒸气云流向，避免水流接触泄漏物。禁止用水直接冲击泄漏物或泄漏源。防止气体通过下水道、通风系统和密闭性空间扩散。隔离泄漏区直至气体散尽。

（5）作为一项紧急预防措施，泄漏隔离距离至少为 100 m。如果为大量泄漏，那么下风向的初始疏散距离应至少为 800 m。

2. 甲烷、天然气的特性及安全措施和应急处置原则

无色、无臭、无味气体。微溶于水，溶于醇、乙醚等有机溶剂。相对分子质量 16.04，熔点 –182.5 ℃，沸点 –161.5 ℃，气体密度（空气 =1）0.7163 g/L，相对蒸气密度（空气 =1）0.6，相对密度（水 =1）0.42（–164 ℃），临界压力 4.59 MPa，临界温度 –82.6 ℃，饱和蒸气压 53.32 kPa（–168.8 ℃），爆炸极限 5.0%~16%（体积比），自燃温度 537 ℃，最大爆炸压力 0.717 MPa。

主要用途：用作燃料和用于炭黑、氢、乙炔、甲醛等的制造。

燃烧和爆炸危险性：极易燃，与空气混合能形成爆炸性混合物，遇热源和明火有燃烧爆炸危险。

活性反应：与五氧化溴、氯气、次氯酸、三氟化氮、液氧、二氟化氧及其他强氧化剂剧烈反应。

健康危害：纯甲烷对人基本无毒，只有在极高浓度时会成为单纯

性窒息剂。皮肤接触液化气体可致冻伤。天然气主要组分为甲烷，其毒性因其他化学组成的不同而异。

2.1 一般安全措施

（1）操作人员必须经过专门培训，严格遵守操作规程，熟练掌握操作技能，具备应急处置知识。

（2）密闭操作，严防泄漏，工作场所全面通风，远离火种、热源，工作场所严禁吸烟。

（3）在生产、使用、贮存场所设置可燃气体监测报警仪，使用防爆型的通风系统和设备，配备两套以上重型防护服。穿防静电工作服，必要时戴防护手套，接触高浓度时应戴化学安全防护眼镜，佩带供气式呼吸器。进入罐体或其他高浓度区作业，须有人监护。

（4）储罐等压力容器和设备应设置安全阀、压力表、液位计、温度计，并应装有带压力、液位、温度远传记录和报警功能的安全装置，重点储罐需设置紧急切断装置。

（5）避免与氧化剂接触。

（6）生产、储存区域应设置安全警示标志。在传送过程中，钢瓶和容器必须接地和跨接，防止产生静电。搬运时轻装轻卸，防止钢瓶及附件破损。禁止使用电磁起重机和用链绳捆扎，或将瓶阀作为吊运着力点。配备相应品种和数量的消防器材及泄漏应急处理设备。

（7）天然气系统运行时，不准敲击，不准带压修理和紧固，不得超压，严禁负压。

（8）生产区域内，严禁明火和可能产生明火、火花的作业（固定动火区必须距离生产区 30 m 以上）。生产需要或检修期间需动火时，必须办理动火审批手续。配气站严禁烟火，严禁堆放易燃物，站内应有良好的自然通风并应有事故排风装置。

（9）天然气配气站中，不准独立进行操作。非操作人员未经许可，不准进入配气站。充装时，使用万向节管道充装系统，严防超装。

（10）含硫化氢的天然气生产作业现场应安装硫化氢监测系统。进行硫化氢监测，应符合以下要求：

①含硫化氢作业环境应配备固定式和携带式硫化氢监测仪；

②重点监测区应设置醒目的标志；

③硫化氢监测仪报警值设定：阈限值为 1 级报警值；安全临界浓度为 2 级报警值；危险临界浓度为 3 级报警值；

④硫化氢监测仪应定期校验，并进行检定。

2.2 储存安全

（1）储存于阴凉、通风的易燃气体专用库房。远离火种、热源。库房温度不宜超过 30 ℃。

（2）应与氧化剂等分开存放，切忌混储。采用防爆型照明、通风设施。禁止使用易产生火花的机械设备和工具。储存区应备有泄漏应急处理设备。

（3）天然气储气站中：

①与相邻居民点、工矿企业和其他公用设施安全距离及站场内的平面布置，应符合国家现行标准；

②天然气储气站内建（构）筑物应

配置灭火器，其配置类型和数量应符合建筑灭火器配置的相关规定；

③注意防雷、防静电，应按《建筑物防雷设计规范》（GB 50057—2010）的规定设置防雷设施，工艺管网、设备、自动控制仪表系统应按标准安装防雷、防静电接地设施，并定期进行检查和检测。

2.3 运输安全

（1）运输车辆应有危险货物运输标志，安装具有行驶记录功能的卫星定位装置。未经公安机关批准，运输车辆不得进入危险化学品运输车辆限制通行的区域。

（2）槽车和运输卡车要有导静电拖线；槽车上要备有 2 只以上干粉或二氧化碳灭火器和防爆工具。

（3）车辆运输钢瓶时，瓶口一律朝向车辆行驶方向的右方，堆放高度不得超过车辆的防护栏板，并用三角木垫卡牢，防止滚动。不准同车混装有抵触性质的物品和让无关人员搭车。运输途中远离火种，不准在有明火地点或人多地段停车，停车时要有人看管。发生泄漏或火灾时要把车开到安全地方进行灭火或堵漏。

（4）采用管道输送时：

①输气管道不应通过城市水源地、飞机场、军事设施、车站、码头，因条件限制无法避开时，应采取保护措施并经国家有关部门批准；

②输气管道沿线应设置里程桩、转角桩、标志桩和测试桩；

③输气管道采用地上敷设时，应在人员活动较多和易遭车辆、外来物撞击的地段，采取保护措施并设置明显的警示标志；

④输气管道管理单位应设专人定期对管道进行巡线检查，及时处理输气管道沿线的异常情况，并依据天然气管道保护的有关法律法规保护管道。

2.4 应急处置原则

（1）吸入：迅速脱离现场至空气新鲜处。保持呼吸道通畅。如呼吸困难，给氧。如呼吸停止，立即进行人工呼吸、就医。

（2）皮肤接触：如果发生冻伤，将患部浸泡于保持在 38~42 ℃的温水中复温，不要涂擦，不要使用热水或辐射热，使用清洁、干燥的敷料包扎。如有不适感，立即就医。

（3）灭火方法：切断气源。若不能切断气源，则不允许熄灭泄漏处的火焰。喷水冷却容器，尽可能将容器从火场移至空旷处。使用雾状水、泡沫、二氧化碳、干粉灭火剂。

（4）泄漏应急处置：消除所有点火源。根据气体的影响区域划定警戒区，无关人员从侧风、上风向撤离至安全区。应急处理人员戴正压自给式空气呼吸器，穿防静电服。作业时使用的所有设备应接地。禁止接触或跨越泄漏物。尽可能切断泄漏源。若可能翻转容器，则使之逸出气体而非液体。喷雾状水抑制蒸气或改变蒸气云流向，避免水流接触泄漏物。禁止用水直接冲击泄漏物或泄漏源。防止气体通过下水道、通风系统和密闭性空间扩散。隔离泄漏区直至气体散尽。

（5）作为一项紧急预防措施，泄漏隔离距离至少为 100 m。如果为大量泄漏，那么下风向的初始疏散距离应至少为 800 m。

3. 氯的特性及安全措施和应急处置原则

氯在常温常压下为黄绿色气体，有刺激性气味。常温下 709 kPa 以上压力时为液体，液氯为金黄色。微溶于水，易溶于二硫化碳和四氯化碳。相对分子质量为 70.91，熔点 –101 ℃，沸点 –34.5 ℃，气体密度 3.21 g/L，相对蒸气密度（空气 =1）2.5，相对密度（水 =1）1.41（20 ℃），临界压力 7.71 MPa，临界温度 144 ℃，饱和蒸气压 673 kPa（20 ℃）。

主要用途：制造氯乙烯、环氧氯丙烷、氯丙烯、氯化石蜡等；用作氯化试剂，也用作水处理过程的消毒剂。

燃烧和爆炸危险性：包装容器受热有爆炸的危险。本品不燃，但可助燃。一般可燃物大都能在氯气中燃烧，一般易燃气体或蒸气也都能与氯气形成爆炸性混合物。受热后容器或储罐内压增大，泄漏物质可导致中毒。

活性反应：强氧化剂，与水反应，生成有毒的次氯酸和盐酸。与氢氧化钠、氢氧化钾等碱反应生成次氯酸盐和氯化物，可利用此反应对氯气进行无害化处理。液氯与可燃物、还原剂接触会发生剧烈反应。与汽油等石油产品、烃、氨、醚、松节油、醇、乙炔、二硫化碳、氢气、金属粉末和磷接触能形成爆炸性混合物。接触烃基膦、铝、锑、胂、铋、硼、黄铜、碳、二乙基锌等物质会导致燃烧、爆炸，释放出有毒烟雾。潮湿环境下，严重腐蚀铁、钢、铜和锌。

健康危害：剧毒，吸入高浓度气体可致死。氯是一种强烈的刺激性气体，经呼吸道吸入时，与呼吸道黏膜表面水分接触，产生盐酸、次氯酸，次氯酸再分解为盐酸和新生态氧，产生局部刺激和腐蚀作用。急性中毒，轻度者有流泪、咳嗽、咳少量痰、胸闷，出现气管-支气管炎或支气管周围炎的表现。中度中毒发生支气管肺炎、局限性肺泡性肺水肿、间质性肺水肿或哮喘样发作，病人除有上述症状的加重外，还会出现呼吸困难、轻度紫绀等。重者发生肺泡性水肿、急性呼吸窘迫综合征、严重窒息、昏迷或休克，可出现气胸、纵隔气肿等并发症。吸入极高浓度的氯气，可引起迷走神经反射性心跳骤停或喉头痉挛而发生"电击样"死亡。眼睛接触可引起急性结膜炎，高浓度氯可造成角膜损伤。皮肤接触液氯或高浓度氯，在暴露部位可有灼伤或急性皮炎。慢性影响：长期低浓度接触，可引起慢性牙龈炎、慢性咽炎、慢性支气管炎、肺气肿、支气管哮喘等。可引起牙齿酸蚀症。

3.1 一般安全措施

（1）操作人员必须经过专门培训，严格遵守操作规程，熟练掌握操作技能，具备应急处置知识。

（2）严加密闭，提供充分的局部排风和全面通风，工作场所严禁吸烟。提供安全淋浴和洗眼设备。

（3）生产、使用氯气的车间及贮氯场所应设置氯气泄漏检测报警仪，配备两套以上重型防护服。戴化学安全防护眼镜，穿防静电工作服，戴防化品手套。工作场所浓度超标时，操作人员必须佩戴防毒面具，紧急事态抢救或撤离时，应佩戴正压自给式空气呼吸器。

（4）液氯汽化器、储罐等压力容器和设备应设置安全阀、压力表、液位计、温度计，并应装有带压力、液位、温度带远传记录和报警功能的安全装置。设置整流装置与氯压机、动力电源、管线压力、通风设施或相应的吸收装置的连锁装置。氯气输入、输出管线应设置紧急切断设施。

（5）避免与易燃或可燃物、醇类、乙醚、氢接触。

（6）生产、储存区域应设置安全警示标志。搬运时轻装轻卸，防止钢瓶及附件破损。吊装时，应将气瓶放置在符合安全要求的专用筐中进行吊运。禁止使用电磁起重机和用链绳捆扎，或将瓶阀作为吊运着力点。配备相应品种和数量的消防器材及泄漏应急处理设备。倒空的容器可能存在残留有害物时应及时处理。

3.2 操作安全

（1）氯化设备、管道处、阀门的连接垫料应选用石棉板、石棉橡胶板、氟塑料、浸石墨的石棉绳等高强度耐氯垫料，严禁使用橡胶垫。

（2）采用压缩空气充装液氯时，空气含水量应 ≤ 0.01%。采用液氯汽化器充装液氯时，只许用温水加热汽化器，不准使用蒸气直接加热。

（3）液氯汽化器、预冷器及热交换器等设备，必须装有排污装置和污物处理设施，并定期分析三氯化氮含量。如果操作人员未按规定及时排污，并且操作不当，易发生三氯化氮爆炸、大量氯气泄漏等危害。

（4）严禁在泄漏的钢瓶上喷水。

（5）充装量为 50 kg 和 100 kg 的气瓶应保留 2 kg 以上的余量，充装量为 500 kg 和 1000 kg 的气瓶应保留 5 kg 以上的余量。充装前要确认气瓶内无异物。

（6）充装时，使用万向节管道充装系统，严防超装。

3.3 储存安全

（1）储存于阴凉、通风仓库内，库房温度不宜超过 30 ℃，相对湿度不超过 80%，防止阳光直射。

（2）应与易（可）燃物、醇类、食用化学品分开存放，切忌混储。储罐远离火种、热源。保持容器密封，储存区要建在低于自然地面的围堤内。气瓶储存时，空瓶和实瓶应分开放置，并应设置明显标志。储存区应备有泄漏应急处理设备。

（3）对于大量使用氯气钢瓶的单位，为及时处理钢瓶漏气，现场应配备应急堵漏工具和个体防护用具。

（4）禁止将储罐设备及氯气处理装置设置在学校、医院、居民区等人口稠密区附近，并远离频繁出入处和紧急通道。

（5）应严格执行剧毒化学品"双人收发，双人保管"制度。

3.4 运输安全

（1）运输车辆应有危险货物运输标志，安装具有行驶记录功能的卫星定位装置。未经公安机关批准，运输车辆不得进入危险化学品运输车辆限制通行的区域。不得在人口稠密区和有明火等场所停靠。夏季应早晚运输，防止日光暴晒。

（2）运输液氯钢瓶的车辆不准从隧道过江。

（3）汽车运输充装量 50 kg 及以上钢瓶时，应卧放，瓶阀端应朝向车辆行驶的右方，用三角木垫卡牢，防止滚动，垛高不得超过 2 层且不得超过车厢高度。不准同车混装有抵触性质的物品和让无关人员搭车。严禁与易燃物或可燃物、醇类、食用化学品等混装混运。车上应有应急堵漏工具和个体防护用品，押运人员应会使用。

（4）搬运人员必须注意防护，按规定穿戴必要的防护用品；搬运时，管理人员必须到现场监卸监装；夜晚或光线不足、雨天时不宜搬运。若遇特殊情况必须搬运时，必须得到部门负责人的同意，还应有遮雨等相关措施；严禁在搬运时吸烟。

（5）采用液氯汽化法向储罐压送液氯时，要严格控制汽化器的压力和温度，釜式汽化器加热夹套不得包底，应用温水加热，严禁用蒸气加热，出口水温不应超过 45 ℃，汽化压力不得超过 1 MPa。

3.5 应急处置原则

（1）吸入：迅速脱离现场至空气新鲜处。保持呼吸道通畅。如呼吸困难，给氧，给予 2% 至 4% 的碳酸氢钠溶液雾化吸入。呼吸、心跳停止时，立即进行心肺复苏术，就医。

（2）眼睛接触：立即分开眼睑，用流动清水或生理盐水彻底冲洗并就医。

（3）皮肤接触：立即脱去污染的衣着，用流动清水彻底冲洗并就医。

（4）灭火方法：本品不燃，但周围起火时应切断气源。喷水冷却容器，尽可能将容器从火场移至空旷处。消防人员必须佩戴正压自给式空气呼吸器，穿全身防火防毒服，在上风向灭火。由于火场中可能发生容器爆破的情况，消防人员须在防爆掩蔽处操作。有氯气泄漏时，使用细水雾驱赶泄漏的气体，使其远离未受波及的区域。根据周围着火原因选择适当灭火剂灭火，可用干粉、二氧化碳、水（雾状水）或泡沫。

（5）泄漏应急处置：根据气体扩散的影响区域划定警戒区，无关人员从侧风、上风向撤离至安全区。建议应急处理人员穿内置正压自给式空气呼吸器的全封闭防化服，戴橡胶手套。如果是液体泄漏，还应注意防冻伤。禁止接触或跨越泄漏物。勿使泄漏物与可燃物质（如木材、纸、油等）接触。尽可能切断泄漏源。喷雾状水抑制蒸气或改变蒸气云流向，避免水流接触泄漏物。禁止用水直接冲击泄漏物或泄漏源。若可能，翻转容器，使之逸出气体而非液体。防止气体通过下水道、通风系统和限制性空间扩散。构筑围堤堵截液体泄漏物。喷稀碱液中和、稀释。隔离泄漏区直至气体散尽。泄漏场所保持通风。

（6）不同泄漏情况下的具体措施：瓶阀密封填料处泄漏时，应查压紧螺帽是否松动或拧紧压紧螺帽；瓶阀出口泄漏时，应查瓶阀是否关紧或关紧瓶阀，或用铜六角螺帽封闭瓶阀口。瓶体泄漏点为孔洞时，可使用堵漏器材（如竹签、木塞、止漏器等）处理，并注意对堵漏器材紧固，防止脱落。上述处理均无效时，应迅速将泄漏气瓶浸没于备有足够体积的烧碱或石灰水溶液吸收池进行无害化处理，并控制吸收液温度不高于 45 ℃、pH 不小于 7，防止吸收液失效分解。

（7）隔离与疏散距离：小量泄漏，初始隔离 60 m，下风向疏散白天 400 m、夜晚 1 600 m；大量泄漏，初始隔离 600 m，下风向疏散白天 3 500 m、夜晚 8 000 m。

4. 氨的特性及安全措施和应急处置原则

氨在常温常压下为无色气体，有强烈的刺激性气味。20 ℃、891 kPa 下即可液化，并放出大量的热。液氨在温度变化时，体积变化的系数很大。溶于水、乙醇和乙醚。相对分子质量为 17.03，熔点 –77.7 ℃，沸点 –33.5 ℃，气体密度（空气 =1）0.7708 g/L，相对蒸气密度（空气 =1）0.59，相对密度（水 =1）0.7（–33 ℃），临界压力 11.40 MPa，临界温度 132.5 ℃，饱和蒸气压 1 013 kPa（26 ℃），爆炸极限 15%~30.2%（体积比），自燃温度 630 ℃，最大爆炸压力 0.580 MPa。

主要用途：用作制冷剂及制取铵盐和氮肥。

燃烧和爆炸危险性：极易燃，能与空气形成爆炸性混合物，遇明火、高热引起燃烧爆炸。

活性反应：与氟、氯等接触会发生剧烈的化学反应。

健康危害：对眼、呼吸道黏膜有强烈刺激和腐蚀作用。急性氨中毒引起眼和呼吸道刺激症状、支气管炎或支气管周围炎、肺炎，重度中毒者可发生中毒性肺水肿。高浓度氨可引起反射性呼吸和心搏停止。可致眼和皮肤灼伤。

4.1 一般安全措施

（1）操作人员必须经过专门培训，严格遵守操作规程，熟练掌握操作技能，具备应急处置知识。

（2）严加密闭，防止泄漏，工作场所提供充分的局部排风和全面通风，远离火种、热源，工作场所严禁吸烟。

（3）生产、使用氨气的车间及贮氨场所应设置氨气泄漏检测报警仪，使用防爆型的通风系统和设备，应至少配备两套正压式空气呼吸器、长管式防毒面具、重型防护服等防护器具。戴化学安全防护眼镜，穿防静电工作服，戴橡胶手套。工作场所浓度超标时，操作人员应该佩戴过滤式防毒面具。可能接触液体时，应防止冻伤。

（4）储罐等压力容器和设备应设置安全阀、压力表、液位计、温度计，并应装有带压力、液位、温度远传记录和报警功能的安全装置，设置整流装置与压力机、动力电源、管线压力、通风设施或相应的吸收装置的连锁装置。重点储罐，需设置紧急切断装置。

（5）避免与氧化剂、酸类、卤素接触。

（6）生产、储存区域应设置安全警示标志。在传送过程中，钢瓶和容器必须接地和跨接，防止产生静电。搬运时轻装轻卸，防止钢瓶及附件破损。禁止使用电磁起重机和用链绳捆扎，或将瓶阀作为吊运着力点。配备相应品种和数量的消防器材及泄漏应急处理设备。

4.2 操作安全

（1）严禁利用氨气管道做电焊接地线。严禁用铁器敲击管道与阀体，以免引起火花。

（2）在含氨气环境中作业应采用以下防护措施：

①根据不同作业环境配备相应的氨气检测仪及防护装置，并落实人员管理，使氨气检测仪及防护装置处于备用状态；

②作业环境应设立风向标；

③供气装置的空气压缩机应置于上风侧；

④进行检修和抢修作业时，应携带氨气检测仪和正压式空气呼吸器。

（3）充装时，使用万向节管道充装系统，严防超装。

4.3 储存安全

（1）储存于阴凉、通风的专用库房。远离火种、热源。库房温度不宜超过 30 ℃。

（2）与氧化剂、酸类、卤素、食用化学品分开存放，切忌混储。采用防爆型照明、通风设施。禁止使用易产生火花的机械设备和工具。储存区应备有泄漏应急处理设备。

（3）液氨气瓶应放置在距工作场地至少 5 m 以外的地方，并且通风良好。

（4）注意防雷、防静电，厂（车间）应按《建筑物防雷设计规范》（GB 50057—2010）的规定设置防雷、防静电设施。

4.4 运输安全

（1）运输车辆应有危险货物运输标志，安装具有行驶记录功能的卫星定位装置。未经公安机关批准，运输车辆不得进入危险化学品运输车辆限制通行的区域。

（2）槽车运输时要用专用槽车。槽车安装的阻火器（火星熄灭器）必须完好。槽车和运输卡车要有导静电拖线；槽车上要备有 2 只以上干粉或二氧化碳灭火器和防爆工具；防止阳光直射。

（3）车辆运输钢瓶时，瓶口一律朝向车辆行驶方向的右方，堆放高度不得超过车辆的防护栏板，并用三角木垫卡牢，防止滚动。不准同车混装有抵触性质的物品和让无关人员搭车。运输途中远离火种，不准在有明火地点或人多地段停车，停车时要有人看管。发生泄漏或火灾时要把车开到安全地方进行灭火或堵漏。

（4）输送氨的管道不应靠近热源敷设；管道采用地上敷设时，应在人员活动较多和易遭车辆、外来物撞击的地段，采取保护措施并设置明显的警示标志；氨管道架空敷设时，管道应敷设在非燃烧体的支架或栈桥上。在已敷设的氨管道下面，不得修建与氨管道无关的建筑物和堆放易燃物品；氨管道外壁颜色、标志应执行《工业管道的基本识别色、识别符号和安全标识》（GB 7231—2016）的规定。

4.5 应急处置原则

（1）吸入：迅速脱离现场至空气新鲜处，保持呼吸道通畅。如呼吸困难，给氧；如呼吸停止，立即进行人工呼吸并就医。

（2）皮肤接触：立即脱去污染的衣着，应用2%硼酸液或大量清水彻底冲洗并就医。

（3）眼睛接触：立即提起眼睑，用大量流动清水或生理盐水彻底冲洗至少15 min并就医。

（4）灭火方法：消防人员必须穿全身防火防毒服，在上风向灭火。切断气源。若不能切断气源，则不允许熄灭泄漏处的火焰。喷水冷却容器，尽可能将容器从火场移至空旷处。使用雾状水、抗溶性泡沫、二氧化碳、沙土灭火。

（5）泄漏应急处置：消除所有点火源。根据气体的影响区域划定警戒区，无关人员从侧风、上风向撤离至安全区。建议应急处理人员穿内置正压自给式空气呼吸器的全封闭防化服。如果是液化气体泄漏，还应注意防冻伤。禁止接触或跨越泄漏物。尽可能切断泄漏源。防止气体通过下水道、通风系统和密闭性空间扩散。若可能翻转容器，则使之逸出气体而非液体。构筑围堤或挖坑收容液体泄漏物。用醋酸或其他稀酸中和。也可以喷雾状水稀释、溶解，同时构筑围堤或挖坑收容产生的大量废水。如有可能，将残余气或漏出气用排风机送至水洗塔或与塔相连的通风橱内。如果钢瓶发生泄漏，无法封堵时可浸入水中。储罐区最好设水或稀酸喷洒设施。隔离泄漏区直至气体散尽。漏气容器要妥善处理，修复、检验后再用。

（6）隔离与疏散距离：小量泄漏，初始隔离30 m，下风向疏散白天100 m、夜晚200 m；大量泄漏，初始隔离150 m，下风向疏散白天800 m，夜晚2 300 m。

5.硫化氢的特性及安全措施和应急处置原则

无色气体，低浓度时有臭鸡蛋味，高浓度时使嗅觉迟钝。溶于水、乙醇、甘油、二硫化碳。相对分子质量为34.08，熔点 –85.5 ℃，沸点 –60.7 ℃，相对密度（空气 =1）1.539 g/L，相对蒸气密度（空气 =1）1.19，临界压力9.01 MPa，临界温度100.4 ℃，饱和蒸气压2 026.5 kPa（25.5 ℃），闪点 –60 ℃，爆炸极限4.0% ~ 46.0%（体积比），自燃温度260 ℃，最小点火能0.077 mJ，最大爆炸压力0.490 MPa。

主要用途：用于制造无机硫化物，还用作化学分析，如鉴定金属离子。

燃烧和爆炸危险性：极易燃，与空气混合能形成爆炸性混合物，遇明火、高热能引起燃烧爆炸。气体比空气重，能在较低处扩散到相当远的地方，遇火源会着火回燃。

活性反应：与浓硝酸、发烟硝酸或其他强氧化剂剧烈反应可发生爆炸。

健康危害：本品是强烈的神经毒物，对黏膜有强烈刺激作用。高浓度吸入可发生猝死，谨慎进入工业下水道（井）、污水井、取样点、化粪池、密闭容器、下敞开式或半敞开式坑、槽、罐、沟等危险场所。急性中毒：高浓度（1 000 mg/m³以上）吸入可发生闪电型死亡。严重中毒可留有神经、精神后遗症。急性中毒出现眼和呼吸道刺激症状、急性气管 – 支气管炎或支气管周围炎、支气管肺炎、头痛、头晕、乏力、恶心、意识障碍等。重者意识障碍程度达深昏迷或呈植物状态，出现肺水肿、多脏器衰竭。对眼和呼吸道有刺激作用。慢性影响：长期接触低浓度的硫化氢，可引起神经衰弱综合征和植物神经功能紊乱等。

5.1 一般安全措施

（1）操作人员必须经过专门培训，严格遵守操作规程，熟练掌握操作技能，具备应急处置知识。

（2）严加密闭，防止泄漏，工作场所建立独立的局部排风和全面通风，远离火种、热源。工作场所严禁吸烟。

（3）硫化氢作业环境空气中硫化氢浓度要定期测定，并设置硫化氢泄漏检测报警仪，使用防爆型的通风系统和设备，配备两套以上重型防护服。戴化学安全防护眼镜，穿防静电工作服，戴防化学品手套，工作场所浓度超标时，操作人员应该佩戴过滤式防毒面具。

（4）储罐等压力设备应设置压力表、液位计、温度计，并应装有带压力、液位、温度远传记录和报警功能的安全装置。设置整流装置与压力机、动力电源、管线压力、通风设施或相应的吸收装置的连锁装置。重点储罐等设置紧急切断设施。

（5）避免与强氧化剂、碱类接触。

（6）生产、储存区域应设置安全警示标志。防止气体泄漏到工作场所空气中。搬运时轻装轻卸，防止钢瓶及附件破损。配备相应品种和数量的消防器材及泄漏应急处理设备。

（7）操作安全。

（8）产生硫化氢的生产设备应尽量密闭。对含有硫化氢的废水、废气、废渣，要进行净化处理，达到排放标准后方可排放。

（9）进入可能存在硫化氢的密闭容器、坑、窑、地沟等工作场所，首先测定该场所空气中的硫化氢浓度，采取通风排毒措施，确认安全后方可操作。操作时做好个人防护措施，佩戴正压自给式空气呼吸器，使用便携式硫化氢检测报警仪，作业工人腰间缚以救护带或绳子。要设监护人员做好互保，发生异常情况立即救出中毒人员。

（10）脱水作业过程中操作人员不能离开现场，防止脱出大量的酸性气。脱出的酸性气要用氢氧化钙或氢氧化钠溶液中和，并要有隔离措施，防止过路行人中毒。

5.2 储存安全

储存于阴凉、通风仓库内，库房温度不宜超过 30 ℃。储罐远离火种、热源，防止阳光直射，保持容器密封。采用防爆型照明、通风设施。禁止使用易产生火花的机械设备和工具。储存区应备有泄漏应急处理设备。

5.3 运输安全

（1）运输车辆应有危险货物运输标志，安装具有行驶记录功能的卫星定位装置。未经公安机关批准，运输车辆不得进入危险化学品运输车辆限制通行的区域。夏季应早晚运输，防止日光曝晒。

（2）运输时运输车辆应配备相应品种和数量的消防器材。装运该物品的车辆排气管必须配备阻火装置，禁止使用易产生火花的机械设备和工具装卸。

（3）采用钢瓶运输时必须戴好钢瓶上的安全帽。钢瓶一般平放，瓶口一律朝向车辆行驶方向的右方，堆放高度不得超过车辆的防护栏板，并用三角木垫卡牢，防止滚动。严禁与氧化剂、碱类、食用化学品等混装混运。运输途中远离火种，不准在有明火地点或人多地段停车，停车时要有人看管。

（4）输送硫化氢的管道不应靠近热源敷设；管道采用地上敷设时，应在人员活动较多和易遭车辆、外来物撞击的地段，采取保护措施并设置明显的警示标志；硫化氢管道架空敷设时，管道应敷设在非燃烧体的支架或栈桥上。在已敷设的硫化氢管道下面，不得修建与硫化氢管道无关的建筑物和堆放易燃物品。硫化氢管道外壁颜色、标志应执行《工业管道的基本识别色、识别符号和安全标识》（GB 7231—2016）的规定。

5.4 应急处置原则

（1）吸入：迅速脱离现场至空气新鲜处，保持呼吸道通畅。如呼吸困难，给氧；呼吸心跳停止时，立即进行人工呼吸和胸外心脏按压术并就医。

（2）灭火方法：切断气源。若不能切断气源，则不允许熄灭泄漏处的火焰。喷水冷却容器，尽可能将容器从火场移至空旷处。使用雾状水、泡沫、二氧化碳、干粉灭火剂。

（3）泄漏应急处置：根据气体扩散的影响区域划定警戒区，无关人员从侧风、上风向撤离至安全区。消除所有点火源（泄漏区附近禁止吸烟、消除所有明火、火花或火焰）。作业时所有设备应接地。应急处理人员戴正压自给式空气呼吸器，泄漏、未着火时应穿全封闭防化服。在保证安全的情况下堵漏。隔离泄漏区直至气体散尽。

（4）隔离与疏散距离：小量泄漏，初始隔离 30 m，下风向疏散白天 100 m、夜晚 100 m；大量泄漏，初始隔离 600 m，下风向疏散白天 3 500 m、夜晚 8 000 m。

6. 汽油（含甲醇汽油、乙醇汽油）、石脑油的特性及安全措施和应急处置原则

汽油和石脑油均属于无色到浅黄色的透明液体。依据《车用无铅

汽油》（GB1793）规定，生产的车用无铅汽油，按研究法辛烷值（RON）分为90号、93号和95号三个牌号，相对密度（水 =1）0.70~0.80，相对蒸气密度（空气 =1）3~4，闪点 –46 ℃，爆炸极限 1.4%~7.6%（体积比），自燃温度 415~530 ℃，最大爆炸压力 0.813 MPa；石脑油主要成分为 C_4~C_6 的烷烃，相对密度 0.78~0.97，闪点 –2 ℃，爆炸极限 1.1%~8.7%（体积比）。

主要用途：汽油主要用作汽油机的燃料，可用于橡胶、制鞋、印刷、制革、颜料等行业，也可用作机械零件的去污剂；石脑油主要用作裂解、催化重整和制氨原料，也可作为化工原料或一般溶剂，在石油炼制方面是制作清洁汽油的主要原料。

燃烧和爆炸危险性：高度易燃液体。蒸气与空气能形成爆炸性混合物，遇明火、高热能引起燃烧爆炸。高速冲击、流动、激荡后可因产生静电火花放电引起燃烧爆炸。蒸气比空气重，能在较低处扩散到相当远的地方，遇火源会着火回燃和爆炸。

健康危害：汽油为麻醉性毒物，高浓度吸入出现中毒性脑病，极高浓度吸入引起意识突然丧失、反射性呼吸停止。误将汽油吸入呼吸道可引起吸入性肺炎。

6.1 一般安全措施

（1）操作人员必须经过专门培训，严格遵守操作规程，熟练掌握操作技能，具备应急处置知识。

（2）密闭操作，防止泄漏，工作场所全面通风。远离火种、热源，

生活中的危险化学品

工作场所严禁吸烟。配备易燃气体泄漏监测报警仪，使用防爆型通风系统和设备，配备两套以上重型防护服。操作人员穿防静电工作服，戴耐油橡胶手套。

（3）储罐等容器和设备应设置液位计、温度计，并应装有带液位、温度远传记录和报警功能的安全装置。

（4）避免与氧化剂接触。

（5）生产、储存区域应设置安全警示标志。灌装时应控制流速，且有接地装置，防止静电积聚。搬运时要轻装轻卸，防止包装及容器损坏。配备相应品种和数量的消防器材及泄漏应急处理设备。

6.2 操作安全

（1）油罐及贮存桶装汽油附近要严禁烟火。禁止将汽油与其他易燃物放在一起。

（2）往油罐或油罐汽车装油时，输油管要插入油面以下或接近罐的底部，以减少油料的冲击和与空气的摩擦。沾油料的布、油棉纱头、油手套等不要放在油库、车库内，以免自燃。不要用铁器工具敲击汽油桶，特别是空汽油桶更危险。因为桶内充满汽油与空气的混合气，而且经常处于爆炸极限之内，一遇明火，就可能引起爆炸。

（3）当进行灌装汽油时，邻近的汽车、拖拉机的排气管要戴上防火帽后才能发动，存汽油地点附近严禁检修车辆。

（4）汽油油罐和贮存汽油区的上空，不应有电线通过。油罐、库房与电线的距离要为电杆长度的 1.5 倍以上。

（5）注意仓库及操作场所的通风，使油蒸气容易逸散。

6.3 储存安全

（1）储存于阴凉、通风的库房。远离火种、热源。库房温度不宜超过 30 ℃。炎热季节应采取喷淋、通风等降温措施。

（2）应与氧化剂分开存放，切忌混储。用储罐、铁桶等容器盛装，不要用塑料桶来存放汽油。盛装时，切不可充满，要留出必要的安全空间。

（3）采用防爆型照明、通风设施。禁止使用易产生火花的机械设备和工具。储存区应备有泄漏应急处理设备和合适的收容材料。罐储时要有防火防爆技术措施。对于 1 000 m³ 及以上的储罐顶部应有泡沫灭火设施等。

6.4 运输安全

（1）运输车辆应有危险货物运输标志，安装具有行驶记录功能的卫星定位装置。未经公安机关批准，运输车辆不得进入危险化学品运输车辆限制通行的区域。

（2）汽油装于专用的槽车（船）内运输，槽车（船）应定期清理；用其他包装容器运输时，容器须用盖密封。运送汽油的油罐汽车，必须有导静电拖线。对有每分钟 0.5 m³ 以上的快速装卸油设备的油罐汽车，在装卸油时，除了保证铁链接地外，还要将车上油罐的接地线插入地下并不得浅于 100 mm。运输时运输车辆应配备相应品种和数量的消防器材。装运该物品的车辆排气管必须配备阻火装置，禁止使用易产生火花的机械设备和工具装卸。汽车槽罐内可设孔隔板以减少震荡产生静电。

（3）严禁与氧化剂等混装混运。夏季最好早晚运输，运输途中应防曝晒、防雨淋、防高温。中途停留时应远离火种、热源、高温区及人口密集地段。

（4）输送汽油的管道不应靠近热源敷设；管道采用地上敷设时，应在人员活动较多和易遭车辆、外来物撞击的地段，采取保护措施并设置明显的警示标志；汽油管道架空敷设时，管道应敷设在非燃烧体的支架或栈桥上。在已敷设的汽油管道下面，不得修建与汽油管道无关的建筑物和堆放易燃物品；汽油管道外壁颜色、标志应执行《工业管道的基本识别色、识别符号和安全标识》（GB 7231—2016）的规定。

（5）输油管道地下铺设时，沿线应设置里程桩、转角桩、标志桩和测试桩，并设警示标志。运行应符合有关法律法规规定。

6.5 应急处置原则

（1）吸入：迅速脱离现场至空气新鲜处，保持呼吸道通畅。如呼吸困难，给氧；如呼吸停止，立即进行人工呼吸并就医。

（2）食入：给饮牛奶或用植物油洗胃和灌肠并就医。

（3）皮肤接触：立即脱去污染的衣着，用肥皂水和清水彻底冲洗皮肤并就医。

（4）眼睛接触：立即提起眼睑，用大量流动清水或生理盐水彻底冲洗至少 15 min 并就医。

（5）灭火方法：喷水冷却容器，尽可能将容器从火场移至空旷处。使用泡沫、干粉、二氧化碳灭火剂。用水灭火无效。

（6）泄漏应急处置：消除所有点火源。根据液体流动和蒸气扩散的影响区域划定警戒区，无关人员从侧风、上风向撤离至安全区。建议应急处理人员戴正压自给式空气呼吸器，穿防毒、防静电服。作业时使用的所有设备应接地。禁止接触或跨越泄漏物。尽可能切断泄漏源，防止泄漏物进入水体、下水道、地下室或密闭性空间。小量泄漏：用沙土或其他不燃材料吸收，使用洁净的无火花工具收集吸收材料。大量泄漏：构筑围堤或挖坑收容；用泡沫覆盖，减少蒸发；喷水雾能减少蒸发，但不能降低泄漏物在受限制空间内的易燃性；用防爆泵转移至槽车或专用收集器内。

（7）作为一项紧急预防措施，泄漏隔离距离至少为 50 m。若大量泄漏，则下风向的初始疏散距离应至少为 300 m。

7. 氢的特性及安全措施和应急处置原则

氢是无色、无臭的气体，很难液化，液态氢无色透明，极易扩散和渗透，微溶于水，不溶于乙醇、乙醚。相对分子质量 2.02，熔点 –259.2 ℃，沸点 –252.8 ℃，气体密度 0.089 9 g/L，相对密度（水 =1）0.07（–252 ℃），相对蒸气密度（空气 =1）0.07，临界压力 1.30 MPa，临界温度 –240 ℃，饱和蒸气压 13.33 kPa（–257.9 ℃），爆炸极限 4%~75%（体积比），自燃温度 500 ℃，最小点火能 0.019 mJ，最大爆炸压力 0.720 MPa。

主要用途：用于合成氨和甲醇等，石油精制，有机物氢化及作火箭燃料。

燃烧和爆炸危险性：极易燃，与空气混合能形成爆炸性混合物，遇热或明火即发生爆炸。比空气轻，在室内使用和储存时，漏气上升滞留屋顶不易排出，遇火星会引起爆炸。在空气中燃烧时，火焰呈蓝色，不易被发现。

活性反应：与氟、氯、溴等卤素会剧烈反应。

健康危害：为单纯性窒息性气体，仅在高浓度时，由于空气中氧分压降低才引起缺氧性窒息。在很高的分压下，呈现出麻醉作用。

7.1 一般安全措施

（1）操作人员必须经过专门培训，严格遵守操作规程，熟练掌握操作技能，具备应急处置知识。

（2）密闭操作，严防泄漏，工作场所加强通风。远离火种、热源，工作场所严禁吸烟。

（3）生产、使用氢气的车间及贮氢场所应设置氢气泄漏检测报警仪，使用防爆型的通风系统和设备。建议操作人员穿防静电工作服。储罐等压力容器和设备应设置安全阀、压力表、温度计，并应装有带压力、温度远传记录和报警功能的安全装置。

（4）避免与氧化剂、卤素接触。

（5）生产、储存区域应设置安全警示标志。在传送过程中，钢瓶和容器必须接地和跨接，防止产生静电。搬运时轻装轻卸，防止钢瓶及附件破损。配备相应品种和数量的消防器材及泄漏应急处理设备。

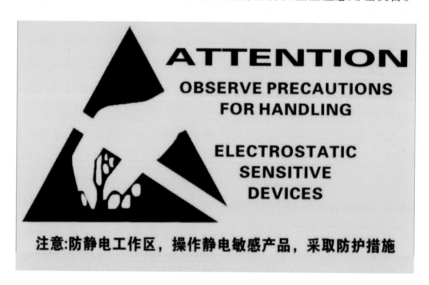

7.2 操作安全

（1）氢气系统运行时，不准敲击，不准带压修理和紧固，不得超压，严禁负压。制氢和充灌人员工作时，不可穿戴易产生静电的服装及带钉的鞋作业，以免产生静电和撞击起火。

（2）当氢气作焊接、切割、燃料和保护气等使用时，每台（组）用氢设备的支管上应设阻火器。因生产需要，必须在现场（室内）使用氢气瓶时，其数量不得超过 5 瓶，并且氢气瓶与盛有易燃、易爆、可燃物质及氧化性气体的容器或气瓶的间距不应小于 8 m，与空调装置、空气压缩机和通风设备等吸风口的间距不应小于 20 m。

（3）管道、阀门和水封装置冻结时，只能用热水或蒸气加热解冻，严禁使用明火烘烤。不准在室内排放氢气。吹洗置换，应立即切断气源，进行通风，不得进行可能发生火花的一切操作。

（4）使用氢气瓶时注意以下事项：

①必须使用专用的减压器，开启时，操作者应站在阀口的侧后方，动作要轻缓；

②气瓶的阀门或减压器泄漏时，不得继续使用。阀门损坏时，严禁在瓶内有压力的情况下更换阀门；

③气瓶禁止敲击、碰撞，不得靠近热源，夏季应防止曝晒；

④瓶内气体严禁用尽，应留有 0.5 MPa 的剩余压力。

7.3 储存安全

（1）储存于阴凉、通风的易燃气体专用库房。远离火种、热源。库房温度不宜超过 30 ℃。

（2）应与氧化剂、卤素分开存放，切忌混储。采用防爆型照明、通风设施。禁止使用易产生火花的机械设备和工具。储存区应备有泄漏应急处理设备。储存室内必须通风良好，保证空气中氢气最高含量不超过 1%（体积比）。储存室建筑物顶部或外墙的上部设气窗或排气孔。排气孔应朝向安全地带，室内换气次数每小时不得小于 3，事故通风每小时换气次数不得小于 7。

（3）氢气瓶与盛有易燃、易爆、可燃物质及氧化性气体的容器或气瓶的间距不应小于 8 m；与空调装置、空气压缩机或通风设备等吸风口的间距不应小于 20 m；与明火或普通电气设备的间距不应小于 10 m。

7.4 运输安全

（1）运输车辆应有危险货物运输标志，安装具有行驶记录功能的卫星定位装置。未经公安机关批准，运输车辆不得进入危险化学品运输车辆限制通行的区域。

（2）槽车运输时要用专用槽车。槽车安装的阻火器（火星熄灭器）必须完好。槽车和运输卡车要有导静电拖线；槽车上要备有 2 只以上干粉或二氧化碳灭火器和防爆工具；要有遮阳措施，防止阳光直射。

（3）在使用汽车、手推车运输氢气瓶时，应轻装轻卸。严禁抛、滑、滚、碰。严禁用电磁起重机和链绳吊装搬运。装运时，应妥善固定。汽车装运时，氢气瓶头部应朝向同一方向，装车高度不得超过车厢高度，直立排放时，车厢高度不得低于瓶高的 2/3。不能和氧化剂、卤素等同车混运。夏季应早晚运输，防止日光曝晒。中途停留时应远离火种、热源。

（4）氢气管道输送时，管道敷设应符合下列要求：

①氢气管道宜采用架空敷设，其支架应为非燃烧体。架空管道不应与电缆、导电线敷设在同一支架上。

②氢气管道与燃气管道、氧气管道平行敷设时，中间宜有不燃物料将管道隔开，或净距不小于 250 mm。分层敷设时，氢气管道应位于上方。氢气管道与建筑物、构筑物或其他管线的最小净距可参照有关规定执行。

③室内管道不应敷设在地沟中或直接埋地，室外地沟敷设的管道，应有防止氢气泄漏、积聚或窜入其他沟道的措施。埋地敷设的管道埋深不宜小于 0.7 m。含湿氢气的管道应敷设在冰冻层以下。

④管道应避免穿过地沟、下水道及铁路汽车道路等，必须穿过时应设套管保护。

⑤氢管道外壁颜色、标志应执行《工业管道的基本识别色、识别符号和安全标识》（GB 7231—2016）的规定。

7.5 应急处置原则

（1）吸入：迅速脱离现场至空气新鲜处。保持呼吸道通畅。如呼吸困难，给氧。如呼吸停止，立即进行人工呼吸并就医。

（2）灭火方法：切断气源。若不能切断气源，则不允许熄灭泄漏处的火焰。喷水冷却容器，尽可能将容器从火场移至空旷处。

（3）氢火焰肉眼不易察觉，消防人员应佩戴自给式呼吸器，穿防静电服进入现场，注意防止外露皮肤烧伤。使用雾状水、泡沫、二氧化碳、干粉灭火剂。

（4）泄漏应急处置：消除所有点火源。根据气体的影响区域划定警戒区，无关人员从侧风、上风向撤离至安全区。建议应急处理人员戴正压自给式空气呼吸器,穿防静电服。作业时使用的所有设备应接地。尽可能切断泄漏源。喷雾状水抑制蒸气或改变蒸气云流向。防止气体通过下水道、通风系统和密闭性空间扩散。若泄漏发生在室内，则宜采用吸风系统或将泄漏的钢瓶移至室外，以避免氢气四处扩散。隔离泄漏区直至气体散尽。

（5）作为一项紧急预防措施，泄漏隔离距离至少为 100 m。若大量泄漏，则下风向的初始疏散距离应至少为 800 m。

8. 一氧化碳的特性及安全措施和应急处置原则

无色、无味、无臭气体。微溶于水，溶于乙醇、苯等有机溶剂。

相对分子质量28.01，熔点–205℃，沸点–191.4℃，气体密度1.25 g/L，相对密度（水 =1）0.79，相对蒸气密度（空气 =1）0.97，临界压力3.50 MPa，临界温度–140.2℃，爆炸极限12%～74%（体积比），自燃温度605℃，最大爆炸压力0.720 MPa。

主要用途：用于化学合成，如合成甲醇、光气等，以及用作精炼金属的还原剂。

危害信息：极易燃，与空气混合能形成爆炸性混合物，遇明火、高热能引起燃烧爆炸。有毒，吸入可因缺氧致死。

健康危害：一氧化碳在血中与血红蛋白结合而造成组织缺氧。急性中毒：轻度中毒者出现剧烈头痛、头晕、耳鸣、心悸、恶心、呕吐、无力，轻度至中度意识障碍但无昏迷，血液碳氧血红蛋白浓度可高于10%；中度中毒者除上述症状外，意识障碍表现为浅至中度昏迷，但经抢救后恢复且无明显并发症，血液碳氧血红蛋白浓度可高于30%；重度患者出现深度昏迷或去大脑强直状态、休克、脑水肿、肺水肿、严重心肌损害、锥体系或锥体外系损害、呼吸衰竭等，血液碳氧血红蛋白可高于50%。部分患者意识障碍恢复后，经2～60天的"假愈期"，又可能出现迟发性脑病，以意识精神障碍、锥体系或锥体外系损害为主。慢性影响：能否造成慢性中毒，是否对心血管有影响，无定论。

8.1 一般安全措施

（1）操作人员必须经过专门培训，严格遵守操作规程，熟练掌握操作技能，具备应急处置知识。

（2）密闭隔离，提供充分的局部排风和全面通风。远离火种、热源，工作场所严禁吸烟。

（3）生产、使用及贮存场所应设置一氧化碳泄漏检测报警仪，使用防爆型的通风系统和设备。空气中浓度超标时，操作人员必须佩戴自吸过滤式防毒面具（半面罩），穿防静电工作服。紧急事态抢救或撤离时，建议佩戴正压自给式空气呼吸器。

（4）储罐等压力容器和设备应设置安全阀、压力表、温度计，并应装有带压力、温度远传记录和报警功能的安全装置。

（5）生产和生活用气必须分路，防止气体泄漏到工作场所空气中。

（6）避免与强氧化剂接触。

（7）在可能发生泄漏的场所设置安全警示标志。配备相应品种和数量的消防器材及泄漏应急处理设备。

（8）患有各种中枢神经或周围神经器质性疾患、明显的心血管疾患者，不宜从事一氧化碳作业。

8.2 操作安全

（1）配备便携式一氧化碳检测仪。进入密闭受限空间或一氧化碳有可能泄漏的空间之前应先进行检测，并进行强制通风，其浓度达到安全要求后再进行操作，操作人员佩戴自吸过滤式防毒面具，要求同时有 2 人以上操作，万一发生意外，能及时互救，并派专人监护。

（2）充装容器应符合规范要求，并按期检测。

（3）储存安全。

（4）储存于阴凉、通风的库房。远离火种、热源，防止阳光直晒。库房内温不宜超过 30 ℃。

（5）禁止使用易产生火花的机械设备和工具，储存区应备有泄漏应急处理设备。搬运储罐时应轻装轻卸，防止钢瓶及附件破损。

（6）注意防雷、防静电，厂（车间）应按《建筑物防雷设计规范》（GB 50057—2010）的规定设置防雷设施。

8.3 运输安全

（1）运输车辆应有危险货物运输标志，安装具有行驶记录功能的卫星定位装置。未经公安机关批准，运输车辆不得进入危险化学品运输车辆限制通行的区域。

（2）装运该物品的车辆排气管必须配备阻火装置，禁止使用易产生火花的机械设备和工具装卸。在传送过程中，钢瓶和容器必须接地和跨接，防止产生静电。槽车上要备有 2 只以上干粉或二氧化碳灭火器和防爆工具。高温季节应早晚运输，防止日光暴晒。

（3）车辆运输钢瓶时，瓶口一律朝向车辆行驶方向的右方，堆放高度不得超过车辆的防护栏板，并用三角木垫卡牢，防止滚动。不准同车混装有抵触性质的物品和让无关人员搭车。中途停留时应远离火种、热源。禁止在居民区和人口稠密区停留。

8.4 应急处置原则

（1）吸入：迅速脱离现场至空气新鲜处，保持呼吸道通畅。如呼吸困难，给氧；呼吸心跳停止时，立即进行人工呼吸和胸外心脏按压术并就医。

（2）使用雾状水、泡沫、二氧化碳、干粉灭火。切断气源。若不能切断气源，则不允许熄灭泄漏处的火焰。喷水冷却容器，尽可能将容器从火场移至空旷处。

（3）泄漏应急处置：消除所有点火源。根据气体的影响区域划定

一氧化碳中毒主要有这些原因

警戒区，无关人员从侧风、上风向撤离至安全区。建议应急处理人员戴正压自给式空气呼吸器,穿防静电服。作业时使用的所有设备应接地。尽可能切断泄漏源。喷雾状水抑制蒸气或改变蒸气云流向。防止气体通过下水道、通风系统和密闭性空间扩散。隔离泄漏区直至气体散尽。

（4）隔离与疏散距离：小量泄漏，初始隔离 30 m，下风向疏散白天 100 m、夜晚 100 m；大量泄漏，初始隔离 150 m，下风向疏散白天 700 m、夜晚 2 700 m。

9. 甲醇的特性及安全措施和应急处置原则

无色透明的易挥发液体，有刺激性气味。溶于水，可混溶于乙醇、乙醚、酮类、苯等有机溶剂。相对分子质量 32.04，熔点 –97.8 ℃，沸点 64.7 ℃，相对密度（水 =1）0.79，相对蒸气密度（空气 =1）1.1，临界压力 7.95 MPa，临界温度 240 ℃，饱和蒸气压 12.26 kPa（20 ℃），折射率 1.328 8，闪点 11 ℃，爆炸极限 5.5% ~ 44.0%（体积比），自燃温度 464 ℃，最小点火能 0.215 mJ。

主要用途：用于制甲醛、香精、染料、医药、火药、防冻剂、溶剂等。

危害信息：高度易燃，蒸气与空气能形成爆炸性混合物，遇明火、高热能引起燃烧爆炸。蒸气比空气重，能在较低处扩散到相当远的地方，遇火源会着火回燃和爆炸。

健康危害：易经胃肠道、呼吸道和皮肤吸收。急性中毒：表现为头痛、眩晕、乏力、嗜睡和轻度意识障碍等，重者出现昏迷和癫痫样抽搐，直至死亡。引起代谢性酸中毒。甲醇可致视神经损害，重者引起失明。慢性影响：主要为神经系统症状，有头晕、无力、眩晕、震颤性麻痹

生活中的危险化学品

及视觉损害。皮肤反复接触甲醇溶液，可引起局部脱脂和皮炎。解毒剂：口服乙醇或静脉输乙醇、碳酸氢钠、叶酸、4-甲基吡唑。

9.1 一般安全措施

（1）操作人员必须经过专门培训，严格遵守操作规程，熟练掌握操作技能，具备应急处置知识。

（2）密闭操作，防止泄漏，加强通风。远离火种、热源，工作场所严禁吸烟。使用防爆型的通风系统和设备。戴化学安全防护眼镜，穿防静电工作服，戴橡胶手套，建议操作人员佩戴过滤式防毒面具（半面罩）。

（3）储罐等压力设备应设置压力表、液位计、温度计，并应装有带压力、液位、温度远传记录和报警功能的安全装置。

（4）避免与氧化剂、酸类、碱金属接触。

（5）生产、储存区域应设置安全警示标志。灌装时应控制流速，且有接地装置，防止静电积聚。配备相应品种和数量的消防器材及泄漏应急处理设备。

9.2 操作安全

（1）打开甲醇容器前，应确定工作区通风良好且无火花或引火源存在；避免让释出的蒸气进入工作区的空气中。生产、贮存甲醇的车间要有可靠的防火、防爆措施。一旦发生物品着火，应用干粉灭火器、二氧化碳灭火器、沙土灭火。

（2）设备罐内作业时注意以下事项：

①进入设备内作业，必须办理罐内作业许可证。入罐作业前必须严格执行安全隔离、清洗、置换的规定；做到物料不切断不进入；清洗置换不合格不进入；行灯不符合规定不进入；没有监护人员不进入；没有事故抢救后备措施不进入；

②入罐作业前30 min取样分析，易燃易爆、有毒有害物质浓度及氧含量合格方可进入作业；视具体条件加强罐内通风；对通风不良环境，应采取间歇作业；

③在罐内动火作业，除了执行动火规定外，还必须符合罐内作业条件，有毒气体浓度低于国家规定值，严禁向罐内充氧；焊工离开作业罐时不准将焊（割）具留在罐内。

④生产设备的清洗污水及生产车间内部地坪的冲洗水须收入应急池，经处理合格后才可排放。

9.3 储存安全

（1）储存于阴凉、通风良好的专用库房或储罐内，远离火种、热源。库房温度不宜超过 37 ℃，保持容器密封。

（2）应与氧化剂、酸类、碱金属等分开存放，切忌混储。采用防爆型照明、通风设施。禁止使用易产生火花的机械设备和工具。在甲醇储罐四周设置围堰，围堰的容积等于储罐的容积。储存区应备有泄漏应急处理设备和合适的收容材料。

（3）注意防雷、防静电，厂（车间）应按《建筑物防雷设计规范》（GB 50057—2010）的规定设置防雷防静电设施。

9.4 运输安全

（1）运输车辆应有危险货物运输标志、安装具有行驶记录功能的卫星定位装置。未经公安机关批准，运输车辆不得进入危险化学品运输车辆限制通行的区域。

（2）甲醇装于专用的槽车（船）内运输，槽车（船）应定期清理；用其他包装容器运输时，容器须用盖密封。严禁与氧化剂、酸类、碱金属等混装混运。运输时运输车辆应配备 2 只以上干粉或二氧化碳灭火器和防爆工具。运输途中应防曝晒、防雨淋、防高温。不准在有明火地点或人多地段停车，高温季节应早晚运输。

（3）在使用汽车、手推车运输甲醇容器时，应轻装轻卸。严禁抛、滑、滚、碰。严禁用电磁起重机和链绳吊装搬运。装运时，应妥善固定。

（4）甲醇管道输送时，注意以下事项：

①甲醇管道架空敷设时，甲醇管道应敷设在非燃烧体的支架或栈桥上；在已敷设的甲醇管道下面，不得修建与甲醇管道无关的建筑物和堆放易燃物品；

②管道消除静电接地装置和防雷接地线，单独接地；防雷的接地电阻值不大于 10 Ω，防静电的接地电阻值不大于 100 Ω；

③甲醇管道不应靠近热源敷设；

④管道采用地上敷设时，应在人员活动较多和易遭车辆、外来物撞击的地段，采取保护措施并设置明显的警示标志；

⑤甲醇管道外壁颜色、标志应执行《工业管道的基本识别色、识别符号和安全标识》（GB 7231—2016）的规定；

⑥室内管道不应敷设在地沟中或直接埋地，室外地沟敷设的管道，应有防止泄漏、积聚或窜入其他沟道的措施。

9.5 应急处置原则

（1）吸入：迅速脱离现场至空气新鲜处，保持呼吸道通畅。如呼吸困难，给氧。如呼吸停止，立即进行人工呼吸并就医。

（2）食入：饮足量温水，催吐。用清水或 1% 硫代硫酸钠溶液洗胃并就医。

（3）皮肤接触：脱去污染的衣着，用肥皂水和清水彻底冲洗皮肤。

（4）眼睛接触：提起眼睑，用流动清水或生理盐水冲洗并就医。

（5）灭火方法：尽可能将容器从火场移至空旷处。喷水保持火场容器冷却，直至灭火结束。处在火场中的容器若已变色或从安全泄压装置中产生声音，必须马上撤离。使用抗溶性泡沫、干粉、二氧化碳、沙土灭火。

（6）泄漏应急处置：消除所有点火源。根据液体流动和蒸气扩散的影响区域划定警戒区，无关人员从侧风、上风向撤离至安全区。建议应急处理人员戴正压自给式空气呼吸器，穿防毒、防静电服。作业时使用的所有设备应接地。禁止接触或跨越泄漏物。尽可能切断泄漏源，防止泄漏物进入水体、下水道、地下室或密闭性空间。小量泄漏：用沙土或其他不燃材料吸收。使用洁净的无火花工具收集吸收材料。大量泄漏：构筑围堤或挖坑收容。用抗溶性泡沫覆盖，减少蒸发。喷水雾能减少蒸发，但不能降低泄漏物在受限制空间内的易燃性。用防爆泵转移至槽车或专用收集器内。喷雾状水驱散蒸气、稀释液体泄漏物。

（7）作为一项紧急预防措施，泄漏隔离距离至少为 50 m。如果为大量泄漏，那么在初始隔离距离的基础上加大下风向的疏散距离。

10. 甲苯的特性及安全措施和应急处置原则

无色透明液体，有芳香气味。不溶于水，与乙醇、乙醚、丙酮、氯仿等混溶。相对分子质量 92.14，熔点 –94.9 ℃，沸点 110.6 ℃，相对密度（水 =1）0.87，相对蒸气密度（空气 =1）3.14，临界压力 4.11 MPa，临界温度 318.6 ℃，饱和蒸气压 3.8 kPa（25 ℃），折射率 1.4967，闪点 4 ℃，爆炸极限 1.2% ~ 7.0%（体积比），自燃温度 535 ℃，最小点火能 2.5 mJ，最大爆炸压力 0.784 MPa。

主要用途：用于掺和汽油组成及作为生产甲苯衍生物、炸药、染料中间体、药物等的主要原料。

燃烧和爆炸危险性：高度易燃，蒸气与空气能形成爆炸性混合物，遇明火、高热能引起燃烧爆炸。蒸气比空气重，能在较低处扩散到相当远的地方，遇火源会着火回燃和爆炸。用水灭火无效，不能使用直流水扑救。

健康危害：短时间内吸入较高浓度甲苯表现为麻醉作用，重症者可有躁动、抽搐、昏迷。对眼和呼吸道有刺激作用。直接吸入肺内可引起吸入性肺炎。可出现明显的心脏损害。

10.1 一般安全措施

（1）操作人员必须经过专门培训，严格遵守操作规程。熟练掌握操作技能，具备应急处置知识。

（2）操作应严加密闭。要求有局部排风设施和全面通风。

（3）设置固定式可燃气体报警器，或配备便携式可燃气体报警器，宜增设有毒气体报警仪。采用防爆型的通风系统和设备。穿防静电工作服，戴橡胶防护手套。空气中浓度超标时，佩戴防毒面具。紧急事态抢救或撤离时，佩戴自给式呼吸器。在作业现场应提供安全淋浴和洗眼设备。安全喷淋和洗眼器应在生产装置开车时进行校验。操作现场严禁吸烟。进入罐体、限制性空间或其他高浓度区作业，须有人监护。

（4）储罐等容器和设备应设置液位计、温度计，并应装有带液位、温度远传记录和报警功能的安全装置。

（5）禁止与强氧化剂接触。

（6）生产、储存区域应设置安全警示标志。在传送过程中，容器、管道必须接地和跨接，防止产生静电。输送过程中易产生静电积聚，相关防护知识应加强培训。

（7）选用无泄漏泵来输送本介质，如屏蔽泵或磁力泵输送。甲苯储罐采取人工脱水方式时，应增配有毒气体检测报警仪（固定式的或便携式的）。采样宜采用循环密闭采样系统。设置必要的安全连锁及紧急排放系统，通风设施应每年进行一次检查。

（8）在生产企业设置 DCS 集散控制系统，同时设置安全连锁、紧急停车系统（ESD）以及正常及事故通风设施并独立设置。

（9）装置内配备防毒面具等防护用品，操作人员在操作、取样、检维修时宜佩戴防毒面具。装置区所有设备、泵以及管线的放净均排放到密闭排放系统，保证职工健康不受损害。

（10）介质为高温、有毒或强腐蚀性的设备及管线上的压力表与设备之间应有能隔离介质的装置或切断阀。另外，装置中的设备和管道应有惰性气体置换设施。

（11）充装时使用万向节管道充装系统，严防超装。

10.2 储存安全

（1）储存于阴凉、通风仓库内。远离火种、热源。库房温度不宜超过 30 ℃。防止阳光直射，保持容器密封。

（2）应与氧化剂分开存放。储存间内的照明、通风等设施应采用防爆型。罐储时要有防火防爆技术措施。禁止使用易产生火花的机械设备和工具。灌装时应注意流速（不超过 3 m/s），且有接地装置，防止静电积聚。搬运时要轻装轻卸，防止包装及容器损坏。

（3）储罐采用金属浮舱式的浮顶或内浮顶罐。储罐应设固定或移动式消防冷却水系统。

（4）生产装置重要岗位如罐区设置工业电视监控。

10.3 运输安全

（1）运输车辆应有危险货物运输标志，安装具有行驶记录功能的卫星定位装置。未经公安机关批准，运输车辆不得进入危险化学品运输车辆限制通行的区域。

（2）槽车和运输卡车要有导静电拖线；槽车上要备有 2 只以上干粉或二氧化碳灭火器和防爆工具；要有遮阳措施，防止阳光直射。

（3）车辆运输钢瓶时，瓶口一律朝向车辆行驶方向的右方，堆放高度不得超过车辆的防护栏板，并用三角木垫卡牢，防止滚动。不准同车混装有抵触性质的物品和让无关人员搭车。运输途中远离火种，不准在有明火地点或人多地段停车，停车时要有人看管。发生泄漏或火灾要开到安全地方进行灭火或堵漏。

10.4 应急处置原则

（1）吸入：迅速脱离现场至空气新鲜处，保持呼吸道通畅。如呼吸困难，给氧；如呼吸停止，立即进行人工呼吸并就医。

（2）食入：饮足量温水，催吐并就医。

（3）皮肤接触：脱去污染的衣着，用肥皂水和清水彻底冲洗皮肤。

（4）眼睛接触：提起眼睑，用流动清水或生理盐水冲洗并就医。

（5）灭火方法：喷水冷却容器，尽可能将容器从火场移至空旷处。处在火场中的容器若已变色或从安全泄压装置中产生声音，则必须马上撤离。使用泡沫、干粉、二氧化碳、沙土灭火，用水灭火无效。

（6）泄漏应急处置：消除所有点火源。根据液体流动和蒸气扩散的影响区域划定警戒区，无关人员从侧风、上风向撤离至安全区。建议应急处理人员戴正压自给式空气呼吸器，穿防毒、防静电服。作业时使用的所有设备应接地。禁止接触或跨越泄漏物。尽可能切断泄漏源。防止泄漏物进入水体、下水道、地下室或密闭性空间。小量泄漏：用沙土或其他不燃材料吸收。使用洁净的无火花工具收集吸收材料。大量泄漏：构筑围堤或挖坑收容。用石灰粉吸收大量液体。用泡沫覆盖，减少蒸发。喷水雾能减少蒸发，但不能降低泄漏物在受限制空间内的易燃性。用防爆泵转移至槽车或专用收集器内。

（7）作为一项紧急预防措施，泄漏隔离距离至少为 50 m。若大量泄漏，则下风向的初始疏散距离应至少为 300 m。

无论接触哪种化学品，都要学会看安全标签和安全技术说明书。虽然化学品种类这么多，但每一种化学品的包装上都贴有安全标签，表明这种物质属于哪一类物品，同时，化学品一般还附有安全技术说明书，详细介绍该种化学品性能、操作注意事项、应急处理方法等。社会公众只要学会识别安全标签和查阅安全技术说明书，了解所使用的化学品的操作注意事项、应急处理方法等，按照上面的要求使用是可以保证安全的。

第三节　科研院所化学品安全使用

科研院所是进行科学研究、技术（产品）开发、教育培训和技术服务的重要场所和科研平台。科研院所具有探索性研究多、实验设备和材料复杂、使用频繁、研究性实验风险难以预见等特点，其安全涉及类别广泛，涵盖化学、生物、化工等众多领域。实验过程中稍有疏忽，就有可能发生安全事故。一旦事故发生导致火灾、爆炸、触电、中毒，甚至人员伤亡等重大安全事故，不但可能对科研人员造成个人伤害，而且也会对社会造成不良的影响。

科研院所安全管理关乎科研人员和他人生命安全，关乎高精尖设备仪器等国家财产安全，关乎科研工作能否顺利推进。因此，科研院所安全管理应贯彻

"安全第一、预防为主、综合治理"的方针；坚持"管业务、管生产必须同时管安全"和"谁主管、谁负责"的原则；落实安全管理工作主体责任，做到安全投入到位、安全培训到位、基础管理到位、应急救援到位，确保科研过程的安全。

1. 安全要求

（1）严格执行《危险化学品安全管理条例》《化学品分类和标签规范》《危险化学品目录》《常用化学危险品贮存通则》《实验室安全第 4 部分 化学因素》等危险化学品安全管理的规定。

（2）严格按照相关规定进行购置、领取、使用、保管和处置危险化学品，并建立危险化学品台账管理制度，做好相应记录。

（3）对国家管控化学品（剧毒品、易制毒品、易制爆品等）按照相关规定由指定部门统一到公安部门备案后购买，不允许自行购买。

（4）剧毒品、易制毒品、易制爆品等，应单独存放，并严格落实"五双"（双人验收、双人保管、双人领取、双把锁、双本账）管理制度，防止被盗、丢失、误领、误用。

（5）不得在工作场所内存放过量化学品。

（6）各类化学品应分类存放，定期盘查；防止性质相抵的化学品混存混放，产生安全隐患。

（7）化学品标签内容完整，清晰可辨。

（8）安全负责人须加强危险化学品的安全管理和日常检查工作。

2. 安全管理

2.1 化学品采购

（1）剧毒、易制毒、易制爆等危险化学品的购置需要到公安部门办理购买许可证。

（2）危险化学品应从取得危险化学品生产许可证或经营许可证的生产经营单位采购；其他化学品应从具有化学品经营许可资质的生产经营单位购买。

（3）不得通过非法途径购买（获取）、私下转让危险化学品和麻醉类、精神类药品，严禁采购国家明令禁止的危险化学品。

（4）购买时，索取危险化学品安全技术说明书和安全标签。

（5）采购的危险化学品需要运输的，必须委托具有危险化学品运输资质的单位运输。

2.2 化学品保存

（1）实验现场应尽可能少地存放化学药品、试剂和样品。

（2）存放化学品的场所必须整洁、通风、隔热、安全、远离热源和火源，并且根据危险化学品分类存放要求，合理控制室内温度和湿度。

（3）工作场所室内不得存放大桶和大量试剂，严禁存放大量的易燃、易爆品及强氧化剂；化学品应密封、分类、合理存放，切勿将不相容的、相互作用会发生剧烈反应的化学品混放。

（4）所有化学品和配制试剂都应贴有明显标签，杜绝标签缺失、新旧标签共存、标签信息不全或不清等混乱现象。配制的试剂、反应产物等应有名称、浓度或纯度、责任人、日期等信息。

（5）建立并及时更新化学品台账，及时清理无名、废旧化学品。

（6）剧毒化学品、麻醉类药品等危险化学品分类存放，需存放在不易移动的安全性好的保险柜或带双锁的冰箱内，实行"五双"制度，并切实做好相关记录，严防发生被盗、丢失、误用及中毒事故。

（7）易爆品应与易燃品、氧化剂等隔离存放，宜存于20℃以下，最好保存在防爆试剂柜、防爆冰箱或经过防爆改造的冰箱内。

（8）具有腐蚀性的化学品应放在防腐蚀试剂柜的下层，或下垫防腐蚀

托盘，置于普通试剂柜的下层。

（9）易产生有毒气体（烟雾）或难闻刺激气味的化学品应存放在配有通风吸收装置的试剂柜内。

2.3 化学品使用

（1）使用前应先阅读化学品的安全技术说明书（MSDS），了解化学品特性，采取必要的安全防护措施。

（2）严格按安全规程进行操作，在能够达到实验目的的前提下，尽量少用，或用危险性低的物质替代危险性高的物质。

（3）使用化学品时，避免皮肤直接接触药品、品尝药品味道或直接嗅闻药品的气味。

（4）严禁在开口容器或密闭体系中用明火加热有机溶剂，不得在烘箱内存放干燥易燃有机物。

（5）工作人员应佩戴防护眼镜、穿着防护工作服（如耐酸碱工作服、阻燃工作服等）及采取其他防护措施，并保持工作环境通风良好。

（6）工作过程中不得擅自离开现场，需密切观察试验现象。

（7）化学危险品使用过程中一旦出现事故，应及时采取相应的控制措施，并及时向有关负责人和部门报告。

2.4 化学废弃物处置

（1）专人负责，及时清理化学废弃物，遵循兼容相存的原则，用原瓶或 20 L 小口方形废液桶分类收集，做好标识，并确保容器密闭可靠，不破碎，不泄露。对未达到要求的不予接收、处置。

废物类别	废物性质	
□ 含卤有机废液	□ 剧　　毒	□ 腐　　蚀
□ 非含卤有机废液	□ 有　　毒	□ 自　　燃
□ 含汞无机废液	□ 易　　燃	□ 遇水自燃
□ 含砷无机废液	□ 易　　燃	□ 生　　物
□ 含重金属无机废液	□ 其　　他 ＿＿＿＿	
□ 其他无机废液		
□ 固体化学品	＿＿＿＿＿＿＿＿	

主要成分：＿＿＿＿＿＿＿＿＿＿

产生单位：＿＿＿＿＿＿＿＿＿＿

实验室名称：＿＿＿＿＿＿＿＿＿

送　储　人：＿＿＿＿　送储日期：＿＿＿＿

（2）化学废弃物要分类存放，要做好无害化处理和标识，并置于安全的地点保存。

（3）严禁将研究或实验产生的危险化学品残渣、废液倒入垃圾箱、下水道或随意丢弃、掩埋，严禁将危险化学品废弃物在室外随意堆放。

（4）废气排放前应先经过吸收、分解处理。

（5）定期收集化学废弃物，并交由具有处理资质的公司按规定程序严格处理。

（6）发生化学安全事故，积极采取正确措施进行应急处置，并应立即报告，及时将伤者送医院治疗。

生物安全	当心感染	易燃液体	易燃气体
易燃固体	自燃物品	遇湿自燃物品	氧化剂
有机过氧化物	剧毒品	毒害品	有毒气体
爆炸品	致癌物质	腐蚀品	当心电离辐射
激光	微波	高压装置	当心紫外线伤害

必须穿防护服	必须戴防护手套	必须戴防护眼镜	必须戴防护帽
必须戴防护口罩	必须戴防毒面具	注意通风	佩戴护面罩
禁止烟火	禁止饮食	禁止堆放	非请勿进
注意安全	当心触电	当心低温	注意高温
当心火灾	当心伤手	当心磁场	当心机械伤人